·超级思维训练营系列丛书·

和含羞草比敏捷

HE HANXIUCAO BIMINJIE

田永强 ◎ 编著

30秒内极限挑战 —— ☆ —— 看看你反应有多快吧

中国出版集团 现代出版社

图书在版编目(CIP)数据

和含羞草比敏捷 / 田永强编著. —北京:现代出版社,2012.12(2021.8 重印)
(超级思维训练营)
ISBN 978-7-5143-0999-7

Ⅰ. ①和… Ⅱ. ①田… Ⅲ. ①思维训练-青年读物②思维训练-少年读物 Ⅳ. ①B80-49

中国版本图书馆 CIP 数据核字(2012)第 275927 号

作　　者 田永强
责任编辑 刘　刚
出版发行 现代出版社
通讯地址 北京市安定门外安华里 504 号
邮政编码 100011
电　　话 010-64267325　64245264(传真)
网　　址 www.xdcbs.com
电子邮箱 xiandai@cnpitc.com.cn
印　　刷 北京兴星伟业印刷有限公司
开　　本 700mm×1000mm　1/16
印　　张 10
版　　次 2012 年 12 月第 1 版　2021 年 8 月第 3 次印刷
书　　号 ISBN 978-7-5143-0999-7
定　　价 29.80 元

前　言

每个孩子的心中都有一座快乐的城堡，每座城堡都需要借助思维来筑造。一套包含多项思维内容的经典图书，无疑是送给孩子最特别的礼物。武装好自己的头脑，穿过一个个巧设的智力暗礁，跨越一个个障碍，在这场思维竞技中，胜利属于思维敏捷的人。

思维具有非凡的魔力，只要你学会运用它，你也可以像爱因斯坦一样聪明和有创造力。美国宇航局大门的铭石上写着一句话："只要你敢想，就能实现。"世界上绝大多数人都拥有一定的创新天赋，但许多人盲从于习惯，盲从于权威，不愿与众不同，不敢标新立异。从本质上来说，思维不是在获得知识和技能之上再单独培养的一种东西，而是与学生学习知识和技能的过程紧密联系并逐步提高的一种能力。古人曾经说过："授人以鱼，不如授人以渔。"如果每位教师在每一节课上都能把思维训练作为一个过程性的目标去追求，那么，当学生毕业若干年后，他们也许会忘掉曾经学过的某个概念或某个具体问题的解决方法，但是作为过程的思维教学却能使他们牢牢记住如何去思考问题，如何去解决问题。而且更重要的是，学生在解决问题能力上所获得的发展，能帮助他们通过调查，探索而重构出曾经学过的方法，甚至想出新的方法。

本丛书介绍的创造性思维与推理故事，以多种形式充分调动读者的思维活性，达到触类旁通、快乐学习的目的。本丛书的阅读对象是广大的中小学教师，兼顾家长和学生。为此，本书在篇章结构的安排上力求体现出科学性和系统性，同时采用一些引人入胜的标题，使读者一看到这样的题目就产生去读、去了解其中思维细节的欲望。在思维故事的讲述时，本丛书也尽量使用浅显、生动的语言，让读者体会到它的重要性、可操作性和实用性；以通俗的语言，生动的故事，为我们深度解读思维训练的细节。最后，衷心希望本丛书能让孩子们在知识的世界里快乐地翱翔，帮助他们健康快乐地成长！

目 录

第一章 神速的反应

对联的暗喻……1
彩虹出现的方向……2
玫瑰花的花语……3
未燃尽的蜡烛……4
大侦探维特……5
真假死亡时间……7
非洲撒哈拉沙漠里的命案……8
“旅馆幽灵”的破绽……10
渡口命案……11
谍报员机敏地拆定时炸弹……13
机灵的安妮……14
巧抓偷麦贼……15
好人有坏报？……17
藏在望远镜里的凶器……19

骡子生产 …… 21
巧妙运用时差的律师 …… 23
大化妆师究竟在他脸上做了什么 …… 25
索菲娜遇强盗 …… 26
机灵的秘密谍报员 …… 28
魔高一尺道高一丈 …… 30
聪明的小福尔摩斯 …… 32
人证物证 …… 34
两张不同的状纸 …… 36
聪明的柯南 …… 38
多亏了黄泥 …… 39
狄仁杰扮阎王 …… 41
从何处射来的箭 …… 43
巧用驴破案 …… 45

第二章　灵活的思维

密室中的命案 …… 47
奇怪的解锁方式 …… 48
光线的交汇处 …… 49
停电夜晚的看书人 …… 50
小箱子的玄机 …… 52
摩天大楼里的格林 …… 54
白纸上的盲文 …… 54
钟楼命案 …… 56
说谎的破绽 …… 57

顺子究竟在哪儿 …………………………………………………… 59
电扇飞转 …………………………………………………………… 61
机敏的求救 ………………………………………………………… 62
智取耕牛 …………………………………………………………… 64
聪明的罗格 ………………………………………………………… 65
聪明的公差 ………………………………………………………… 67
放长线钓大鱼 ……………………………………………………… 68
常客的人数 ………………………………………………………… 70
隔桶有耳 …………………………………………………………… 71
把铁锅奖给他之后 ………………………………………………… 72

第三章　脑筋转起来

妙计脱离火灾 ……………………………………………………… 74
吹牛老王 …………………………………………………………… 75
慧眼识画 …………………………………………………………… 76
画中谜底 …………………………………………………………… 77
聪明的律师 ………………………………………………………… 78
蜘蛛吐丝 …………………………………………………………… 79
丽萨的妙计 ………………………………………………………… 80
县令查案 …………………………………………………………… 81
贼喊捉贼 …………………………………………………………… 83
中毒疑案 …………………………………………………………… 85
枪究竟在哪儿 ……………………………………………………… 86
谁是逃犯 …………………………………………………………… 88
疑　案 ……………………………………………………………… 91

颜色不同的鹅屎 …………………………………………… 93
张县令的智慧 ……………………………………………… 94
奇怪的灯泡 ………………………………………………… 96
私宰耕牛罪 ………………………………………………… 97
智斩鲁斋郎 ………………………………………………… 99
巧断案件…………………………………………………… 100
聪明的小红………………………………………………… 102
利用屎来断案……………………………………………… 105
隐语的奥秘………………………………………………… 106
略施小计…………………………………………………… 108

第四章　破绽显露了

罪犯的破绽………………………………………………… 110
真假美军医院……………………………………………… 111
中毒而死…………………………………………………… 111
办公室命案………………………………………………… 112
证　据……………………………………………………… 113
绝非他杀…………………………………………………… 114
艾丽的谎言………………………………………………… 114
心虚的威特………………………………………………… 115
难道是飞过去的…………………………………………… 117
嫌疑女子…………………………………………………… 119
阴险的医生………………………………………………… 120
辨别牙医技术……………………………………………… 122
碗底下的阴谋……………………………………………… 124

反穿的棉袄…………………………………………………… 126
愿者上钩……………………………………………………… 128
字迹的证明…………………………………………………… 130
他　杀………………………………………………………… 131
偷茄子的贼…………………………………………………… 133
离奇的车灯案件……………………………………………… 135

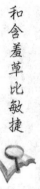

第一章　神速的反应

对联的暗喻

清朝末年，在一次科举考试中，主考官徇私舞弊，做尽了贪污受贿的事。

到揭榜那天，只要是给考官送过厚礼打点过的人，都中榜了；而那些苦读的穷书生，就算再有才华，也只能名落孙山。

有位很有才华的落第才子，对主持考试的主考官很是痛恨，于是愤然提笔，写下一副讽刺对联，夜半时分贴在了考场门前。

上联是：少目焉能识文字

下联是：欠金安可望功名

横批为：口大吞天

第二天，考场门前哗然，众人议论纷纷。

原来对联巧妙地把这个主考官的姓名藏在其中，将他揭露于众，知道其中含义的人无不拍手称快。你能从对联中看出这个主考官的姓名吗？

参考答案

这个贪赃受贿的主考官叫吴省钦。

彩虹出现的方向

大雨过后，太阳从云层里射出夺目的光线。

“嗯，已经4点了。”王警长从躲雨的小店离开时，看了看手表。他抬起头的时候，看到天上出现了一道美丽的彩虹。

王警长回到办公室不久，警察带进3个人来。他们中有一人在4点整时抢了一家银行。因此王警长分别问他们4点的时候都在干什么。

甲说：“4点时我正在公园里散步。看到西边天空出了一道彩虹，我站在那里欣赏了一段时间。”

乙说：“我当时在书店里看书，等雨停了才出来，我也看到彩虹，但我没注意彩虹在什么方向。”

丙说：“我当时正站在桥上，看到东边天上出了彩虹，还没等我好好欣赏一下，就被你们叫到这里来了。”

王警长听完这3个人的叙述后，当即指出其中一人在撒谎。他怎么知道谁在说谎呢?

参考答案

彩虹形成是由天空中微小的水滴在太阳光照射下产生的折射和反射现象，所以，彩虹只能出现在与太阳位置相反的方向上。而下午4点时太阳在西方，彩虹只能出现在东方，由此判断出A在说谎。

思维小故事

玫瑰花的花语

在某城市郊区别墅里，住着一位单身年轻男子。一天清晨，有人发现这个年轻人被杀死在别墅里。

案发现场死者斜躺在客厅地上，手中紧握着一枝玫瑰花。这枝玫瑰

代表什么呢？为此警卫人员感到非常困惑。

在警方全力调查下，找出死者被杀害的原因有以下 3 条：

一是同父异母的姐姐要争夺遗产继承权；

二是女友移情别恋，二人反目成仇；

三是与邻居发生矛盾。

就在负责此案的几位警察苦苦研究的时候，女记录员刚好从旁边走过，听到他们的谈论，便笑着说："这么简单的暗示你们还弄不明白。你们赶快去看看有关花语的书籍，看看玫瑰花的花语是什么，就会明白凶手正是他的女友了。"

这位女记录员是根据什么判断的呢？

参考答案

不同种类的花，花语是不同的，因此送女子什么样的花是很有说道的，男子向女子表达爱意时送的是玫瑰花。这位年轻人在临死前手中还握一朵玫瑰花，说明凶手正是他的女友。

未燃尽的蜡烛

小艺是一个性格十分孤僻的作家，他所创作的小说的情节也都很离奇。他经常在一间密室里写作，这间密室没有窗户，也没有电灯，使用一种特制的蜡烛照亮，1 支蜡烛可以燃烧 12 小时，他每次都同时点上 3 支蜡烛，坐下一写就是 12 小时，等蜡烛一灭，他就不写了。

某天早晨，警察接到电话，说小艺突然死在书房里。报警的是他的佣人甲，他是唯一被允许进入作家书房的人。

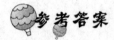

他对警方说："昨天主人吃过晚饭就进书房写作。半夜时，我进去

送过一次咖啡，见主人还在写作，但等我早晨醒来再去送咖啡时，他已经死了。”

小艺的死因似乎是心脏病，大家都知道他有心脏病，但不严重，常给小艺看病的医生也认为病情不至于死。就在大家讨论心脏病时，警长仔细看了一遍房中的情形，突然说道：“昨晚有人杀死了小艺，凶手就是佣人甲。”甲的脸立刻变得苍白。他不明白自己什么地方露出了破绽，使警长发现他是杀人犯。这间房子里又是什么地方使警长断定小艺不是自然死亡呢？又为什么说案犯就是甲呢？

参考答案

破绽在桌子上未燃烧完的3支蜡烛。如果如甲所说那样，深夜时小艺还在写作，那蜡烛在小艺死后应该继续燃烧下去，直到清晨烧完为止。但据案发现场的情况来看，一定是有人杀死了小艺，随即吹灭了蜡烛。蜡烛只烧去一点点，这说明A进书房后不久就被杀了，而甲却说深夜曾送咖啡到书房，这足以证明他在说谎。

大侦探维特

这是个幽暗的夜晚。

大侦探维特正驾着一辆小轿车飞速行驶在郊外的大道上。在车前明亮的大灯的照耀下，他猛然发觉有个男子正匆匆地穿越公路，只得“嘎”地一下急刹住车。

那男子吓得像被定住了似的在他的车前站住了。

维特下车关切地问道：“您没事吧？”

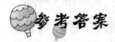

那人喘着粗气说：“我倒没事。可是那边有个人倒在动物园里，他

恐怕已经死了，所以我正急着要去报案。”

“我是侦探维特，你叫什么名字?”

“查瑞。”

“好，查瑞，你带我去看看尸体。”

在距离公路大约 150 米处，一个身穿门卫制服的男子倒在血泊之中。

维特仔细验看了一下说：“他背后中弹了，应该刚死不久。你认识他吗?”

查瑞说：“不认识。”“请你讲讲刚刚看到的情况。”“10 分钟前，我在路边散步时，一辆小车从我身边驶过，那车开得很慢。后来我看到那车子的尾灯亮了，接着又听到一声长颈鹿的嘶鸣，我往鹿圈那边望去，只见一只长颈鹿在圈里转圈狂奔，然后就倒下了。于是，我想过去看个究竟，结果被这个人绊了一跤。”

维特和那人翻过栅栏，跪在受伤的长颈鹿前认真察看，发现子弹打伤了它的颈部。

查瑞说：“我想可能是凶手第一枪没打中人，却打伤了长颈鹿，于是又开了一枪，才打死了这人。”

维特说道“嗯嗯，不过有一件事你没讲实话：你并不是跑去报警，而是想逃跑!”

“我为什么要逃跑呢?”查瑞疑惑地说，“我又不是凶手。”

维特一边拿出手铐把查瑞铐起来，一边说：“你是凶手，走吧!”

调查后，查瑞果真是凶手。

可维特又是怎么知道他就是凶手呢?

参考答案

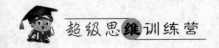

那个人说他是听到长颈鹿的嘶鸣后才被尸体绊了一跤。但事实上所

有长颈鹿都是哑巴，它们根本不会发出嘶鸣。由此证明他是在说谎，所以他正是凶手。

思维小故事

真假死亡时间

某建筑公司总经理杜宇的妻子被杀，根据法医判断，死者死亡时间是当天上午10时至11时。

警察怀疑杜宇是凶手，而杜宇又正好是11时才回到公司的，又没有任何自己不在场的证明。但是杜宇提出法医判断的死亡时间有误，原因是在11时30分和12时，他两次让秘书在办公室代他给妻子打电话，而他家里的电话却占着线，这说明他妻子当时还活着。

警察问了秘书，证明了确实有这件事，然后查看了杜宇家的电话，并没挂起，上面也只有夫人和杜宇的指纹。

难道真是法医错了？但杜宇确实有很多可疑的地方啊！就在大家感到困惑之时，有个侦察员突然注意到杜宇办公室有两部电话——便说："我知道是怎么回事了！"

聪明的读者，你知道是怎么回事吗？

参考答案

办公室里的两部电话都接通后，如果一部电话挂断，而另一部不挂断，电话是打不进去的。杜宇作案前先用办公室的电话给妻子打电话，然后不挂断这部电话，随后他开车回家杀害妻子后，再让秘书用办公室另一部电话给夫人打电话，结果自然是占线，杜宇借此制造自己不在场的证明。

非洲撒哈拉沙漠里的命案

非洲撒哈拉沙漠是世界上非常著名的沙漠探险地。有无数的勇士来到这里，进行挑战极限的活动。

某一天，负责救助的当地警察大卫和他的助手正在沙漠腹地开车进行巡视，忽然，他发现沙漠中躺着两个人。大卫赶忙停下车，走到了两个躺着的人跟前。他用手一摸，发现两个人都早已死亡，同时，两个人的背上都挨了数刀。

大卫立刻开始检查尸体。从死者的兜里，大卫发现了这两具尸体的身份证：两个人都是美国人，住在纽约，是美国一家沙漠探险俱乐部的会员。

大卫让助手继续清理现场。随后，他便将死者的资料传到了总部。总部马上通过国际电报，通报给了美国纽约警察局。

纽约警察局对这起案件非常重视，马上成立了专案组，由哈利担任组长。

经过仔细的调查，哈利认为死者之一的乔斯先生的侄子威尔有很大嫌疑。于是，哈利便驱车来到了威尔的住所。威尔友好地接待了哈利。他把哈利让进屋里，然后问道：“尊敬的哈利先生，你找我有什么事吗？”

“嗯，找你核实一件事。你叔叔乔斯先生最近去了哪里？”

“他去了非洲，又去探险了。”威尔回答道。

“我听说你也去了非洲，是陪你叔叔一同去的。”哈利问道。

“不，我没有去非洲。本来我打算去的，可是，因为我的几个喜欢旅游的朋友硬要我陪他们一同去南美洲，我只好放弃了非洲，而去了南美洲。”

聊到这儿，威尔便从从柜子里拿出了一张照片，又继续说道：“你看，这是我在南美洲与大象照的合影！”

“算了，亲爱的威尔先生，我看你叔叔的死，就是与你有关。”接着，哈利指着照片上的大象说了一番话，约翰不得不低下了头，并承认自己杀死了叔叔。

哈利说了什么，威尔就承认了犯罪事实呢？

参考答案

在世界上亚洲有大象，非洲有大象，而南美洲却没有大象。这足以说明威尔在说谎，可确定威尔是凶手。

“旅馆幽灵”的破绽

皇家大旅馆经理贝勒刚要下班回家，苏拉就匆匆走进他的办公室，向他汇报说：“刚才接到警方通知，‘旅馆幽灵’已经来到本市，可能住进我们的旅馆，让我们提高警惕。”

贝勒一惊：“这个‘幽灵’有什么特征？”

苏拉说：“根据国际刑警掌握的材料，他身高在 1.65 米到 1.70 米之间。常用的伎俩是不付账突然失踪，还会偷走旅客的大量钱财。他还经常化名和化装。”

贝勒摇摇头说：“那该怎么办？如果窃贼真的住在我们旅馆里的话，你要多加防范。昨天电影明星艾莉包了一个豪华套间，她戴了那么多珠宝，一定是个目标。后天早晨还有 6 位阿拉伯酋长来住宿，你派人日夜监视，可别出什么差错。”

“知道了，我已经采取了措施！”苏拉说，“我们旅馆来了 4 个单身旅客，身高都在 1.65 米到 1.7 米之间。第一个是从以色列来的韦斯先生，从事水果生意；第二个是从伦敦来的莱克先生，行踪有些可疑；第三个是从科隆来的企业家曼尔；第四个是从里斯本来的纽尔，身份不明。”

“那么，他们中的任何一个人都有可能是‘旅馆幽灵’？”

“可能，但请放心，我不会让窃贼在这儿得手的。”

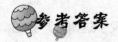

第三天上午，6 位阿拉伯酋长住进了旅馆。苏拉在离前台不远的地方执勤，暗自观察来往旅客。韦斯先生从楼上走到大厅，在沙发上坐下，取出放大镜照旧读他从以色列带来的《希伯来日报》。10 点，莱克和纽尔纷纷离开了旅馆。10 点 10 分，电影明星艾莉小姐发现她的手镯、珠宝都不见了。苏拉一时紧张起来，一边向警察报案，一边在想谁是窃贼。

此时，他又把眼光落在韦斯身上。韦斯好像根本不知发生了什么事，依然聚精会神地借助放大镜看他的报，从左到右一行一行往下移。忽然，苏拉眼睛一亮，把韦斯请到了保卫部。

经审讯，真是韦斯作的案。

那么苏拉是怎样看出韦斯的破绽的呢？

参考答案

当时韦斯在看《希伯来日报》。而希伯来文和阿拉伯文一样，是从右向左书写的，而他的放大镜却是从左到右一行一行地往下移，由此露出其伪装的破绽。

思维小故事

渡口命案

古时候，杭州有一个商人名叫贾宇，他经常出去做生意。一天傍晚，他雇了船夫的小船，说好第二天去城外红云寺旁的渡口上船出行。

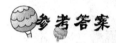

到了第二天，天还未亮，贾宇便带着很多银子离家去红云寺。当日上三竿之时，贾宇的妻子听到有人急急敲门喊道："贾大嫂，贾大嫂，快开门！"贾妻开门后，敲门的船夫便问："大嫂，天不早了，贾老板怎么还不上船啊？"

贾妻顿感慌张，急忙随船夫来到红云寺旁的渡口，只见小船停在河上，贾宇却失踪了。

贾妻到县衙门去报案。县令听她诉说事情的经过后，便断定凶手是船夫。

县令是怎么断定的呢？

参考答案

船夫找的是贾宇，他当然应该喊贾宇来开门，而不是喊“贾大嫂开门”。这说明他已经知道贾宇不可能在家，因为正是他害死贾宇的。

谍报员机敏地拆定时炸弹

某谍报员正躺在床上看杂志，忽然听到一种奇怪的声音，起初还以为是听错了，可总感觉有时针移动的声音。然而枕头旁的钟表是数字式的，是不会有声响。突然，有一种不祥之兆涌上心头；谍报员此时不安起来，于是立马翻身起来查看。

果然不出所料，床下被安置了炸弹，是一颗接在闹表上的定时炸弹。一定是白天谍报员外出不在时，特务潜进来放置的。这是一种常见的老式闹表，定时指针正指着 4 点 30 分。现在距离爆炸时间只剩下 5 分钟！

炸弹和闹表被用黏合剂死死地固定在地板上，根本拿不下来。闹表和炸弹的线，也被穿在铝带中用黏合剂牢牢粘在地板上，根本无法用钳子取下切断。而且，闹表的后盖也被封住了，由此看来真是个不留丝毫空子的老手。

此时，谍报员有些着急了。这间屋子位于公寓的第 3 层，不能一个人逃离了事。如果定时炸弹爆炸，会给居民带来很大的惊慌。时间就这样一分一秒地过去，谍报员决定自行拆除。他钻进床下，用指尖轻轻敲动闹表字盘的外壳。外壳是透明塑料而不是玻璃制的，可并不能轻易取得下来。万一不小心，会接通电流，就会有提前引爆炸弹的危险。

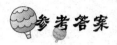

谍报员思索了一下，灵机一动，在炸弹即将爆炸的前一分钟，终于

拆除了定时装置。你知道谍报员采用的是什么方法吗？

参考答案

谍报员用打火机将闹表字盘的外壳烧化，再用速干胶从洞中伸进去将表针固定住。这样表就能停下来了。只要表针不动，无论什么时候也到不了4点半，炸弹也就不会引爆。

机灵的安妮

安妮浑身战栗，因为站在她面前的那个女人是受通缉的科特！

那是在海滨旅馆，安妮在乘电梯时看见一对穿着时髦的夫妇，很是吃惊。这对夫妇虽然戴着太阳镜，但女人的嘴形和行走的姿势，使安妮姑娘想起一部刚刚上映的电影。电影里的女主角叫科特，但此刻，她正在被通缉，因为她和一次爆炸事件有牵连，在那次事件中有3人丧生。

安妮走进自己的房间时，看见那对夫妇走进了她隔壁的房间。

安妮想："没准，她不是科持。如果没弄清事实，就找来警察，会打扰这对在海滨好好度假的夫妇，岂不是太没礼貌了。但假如我能知道他们在说什么，那倒会给我提供一些线索。"

她把耳朵贴在墙壁上，但只能听到一些分辨不清的细微声音。为此，安妮又把一个玻璃杯反扣在橘色的墙纸上，但却依然什么都听不到。

于是，安妮给服务台打了电话。

过会儿，维尔医生带着一个白色的小包走了进来。安妮向她说了自己的打算。那人摇了摇头说："可能不行吧。"

安妮说："这办法也许可行。这件事很重大，我们还是试试吧。"

她从维尔的提包里取出一个东西，用它贴着墙壁，想听听隔壁房间的谈话。咦，真的听清了！

不出所料正是科特夫妇！他们正在商量如何飞往阿根廷，以便逃脱被逮捕的命运。

为此，安妮立刻给警察局打了电话。

那天晚上，电视新闻的头条报道说：科特夫妇在海滨旅馆被捕。

你能猜到安妮珍妮从维尔的包里拿出的是什么东西吗？

参考答案

因为维尔是医生，自然随身带着听诊器。所以安妮是从维尔的包里拿出了听诊器，起到了助听的效果，才听清了隔壁房间的谈话。

思维小故事

巧抓偷麦贼

老张是一位朴实的农民。近几天他发现自己所种的麦子不断被人偷割，为此他向警方报了警。

警方赶到现场进行调查，发现麦田的面积很大，而且很空旷，一定要多派些人埋伏，等待偷麦贼出现。可如果有太多人埋伏在麦田的话会让偷麦贼有所察觉，这样肯定会打草惊蛇，抓不到偷麦贼，为此大家感到很困惑。

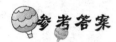

向警长请示后，警长亲自到麦田观察了一番，便对警察们说：“这

件事情容易解决，只要我们……这样的话，就肯定能捉到偷麦贼，就是得辛苦你们了！”

警长想到的是什么方法呢？他们一定能捉到偷麦贼吗？

参考答案

警长让他的部下扮成稻草人，站在麦田中间。这样偷麦贼就不会注意。谁能料到稻草人竟是真人装扮的呢？

好人有坏报？

有这样一个故事：一个偏僻的山村里有个穷苦的樵夫到山上去打柴，准备用打来的柴去换钱，然后再用换来的钱去给妻子和孩子们买食物。这便是家里几口人的唯一经济来源。有一天，他在砍柴的路上无意中捡到了一个精致的口袋，发现里面竟然有100个金币。樵夫一边高兴地数着钱，一边在脑子里想象着展现在自己面前的那幅富裕、幸福的画卷。但接着他又想到那钱袋是有主人的，于是，淳朴的樵夫为自己的想法感到羞愧，就将钱袋藏了起来，到山里去劳动了。这一天运气很不好，没人买他打的柴，他也就没能把家人期待的食物带回家，樵夫一家人只好挨饿。

第二天早上，按照那时风行的做法，钱袋失主的名字在大街上传开了，失主甚至宣布谁能把钱袋交还给他，将能得到30个金币的赏金。失主是一富裕的商人。好心的樵夫来到他面前把钱袋从口袋里拿了出来，说道："这是您的钱袋。"但是，贪婪的商人根本不想给这个贫穷的樵夫酬金，于是在他接过钱袋的时候马上数了数里面的金币，装模作样地对樵夫说："亲爱的樵夫，我很感谢你能把我的钱袋还给我，但是我发现里面的金币少了30个，本来我已经承诺谁能把我的钱袋还回来我会给他30个金币作为酬金，可是现在缺少了30个，该不会是你偷偷留下的吧？我要去法庭告你，你这个阴险的小偷。"

"法官大人会为我做主的！"樵夫镇定地说道。

法官大人马上出庭审理此案件。

"法官大人，我在路上捡到的这个钱袋，里面真的只有100个金币，我一个都没有碰。"

"你难道没有想过有了这些钱，你可以生活得很幸福吗？"

“我家里有妻子和5个孩子，他们等着我把换钱买面包的柴带回家。法官大人，请饶恕我当时确实有过私自留下这笔钱的贪念，但是我想到无所不知的上帝在关注着我们的一切，并且失主丢失这么一大笔钱一定会很着急，所以我没有把钱带回家，而是藏了起来。”

“你把拾到钱的事告诉你妻子了吗？”

“没有，因为我的妻子是如此的疼爱孩子们，她一定会用这笔钱来改善孩子们的生活的，她实在不想让孩子们受苦。”

“口袋里的东西，你肯定一点都没拿吗？”

“法官大人，我发誓我没有动一个金币。”

“你有什么说的？”法官问商人。

“法官大人，这人说的全是捏造的。我钱袋里原先有130个金币，只有这个阴险的樵夫有机会拿走里面的钱。”

法官大人宣布休庭回来后，做了如下裁决：“商人，你享有这么高的地位和信誉，你肯定是不会骗我们的。很明显，这个樵夫拾到的这只装有100个金币的钱袋不是你的那只有130个金币的钱袋。”

“拿着这个钱袋，好心的人！”法官对樵夫说，“你把它带回家去，等它的主人来取吧！”

法官为什么会做出如下的判决呢？

参考答案

通过法官对樵夫的询问，法官知道，如果樵夫心存贪念，那么完全有理由不把钱交还给商人。他没有这样做，显然是一个诚实的人！但两个人当中，一定是有一个在撒谎，那么那个撒谎的人无疑就是这个外表虚伪的商人。法官只是略施小计，便为樵夫解决了冤情，也惩罚了贪婪的商人。

藏在望远镜里的凶器

史密斯有个爱女叫伊丽莎白，在离史密斯住处不远的著名的圣·玛塔依修道院当修女。父女的关系很好，史密斯有时间经常去看望自己的宝贝女儿。

平静的生活一直这样过着。突然有一天，伊丽莎白给父亲史密斯写了一封信。信中写了一件十分离奇的死亡事件："亲爱的父亲，就在昨天早晨，修道院的人在钟楼里发现了莉娜的尸体。她的左眼周围到处是血迹，并且在她的尸体旁边发现一枚很长的毒针。修道院里的大部分人认为她是自己把毒针拔出后毒性迅速蔓延之后死去的。钟楼唯一的大门是被反锁的。因为那天风很大，大概是莉娜怕大风把门吹开，在自己进去之后关上的。凉台是在钟楼的第四层，朝南方向，离地面约有 20 米。下面是条河，离对岸 35 米。所以根本不可能有人进入钟楼进行谋杀，也不可能有人在那么大风这么远的距离之下把毒针射进莉娜的眼睛。这件事情很蹊跷，几乎没什么线索。院长认为莉娜的死是自杀。但是，莉娜是一个非常虔诚的人，她不会用这种违背教规的做法结束自己的生命。总之这件事发生的很突然，莉娜的死究竟是怎么回事就像一个谜团，没人能够给出合理的推断。"

史密斯先生看完信，心中思索了一会儿，马上就去了修道院看望女儿。

伊丽莎白带着史密斯先生走到修道院后院，指着那个凉台说："就是那个钟楼的凉台。"

史密斯先生从下面看了一下高大的钟楼，就知道凶手根本不可能从对岸把毒针正好射进莉娜的眼睛里，况且那天晚上的风又那么大。史密斯先生和女儿一边走一边说话。

“其实，莉娜对您的《天文学杂感》非常感兴趣，虽然被修道院院长列为禁书，但她有时候还是会一个人对着天空发呆，若有所思的样子，并且嘴里还嘀咕一些与天文学有关的东西，真想不到她会对那些东西感兴趣。”史密斯先生点了点头，继续和女儿说着话。

“有没有他杀的可能？她平时有没有得罪过一些人？或者她所做的事有没有威胁到一些人的利益以至于非要置她于死地呢？”

“应该不会吧，莉娜心地很善良，并且家里很有钱。对了，她有个同父异母的弟弟。不久之前他们共同的父亲去世了，莉娜准备把她应分得的遗产，全部捐献给修道院。可是她的弟弟说不同意她这样做，还说与其捐给修道院还不如全部分给他弟弟。莉娜死的前一天，她弟弟送来一个小包裹，不知道里面是什么东西，但是看到莉娜神秘的样子就知道里面的东西一定很贵重。昨天我们一起去整理莉娜房间的时候没有找到这个包裹，会不会是凶手为了偷这个包裹才把莉娜杀害的呢？”

史密斯朝着钟楼下那条河说道：“我敢打赌，这条河的河底对着凉台的位置一定有一架天文望远镜。”伊丽莎白奇怪地听着，决定派人去里面找找看，因为她相信他的父亲不会开这种玩笑的。

第二天早晨，伊丽莎白急匆匆地回到自己家中，对史密斯先生说道：“父亲，我们在河底找到了这个东西，您看。”说着，取出一架约有 47 厘米长的望远镜。“这是修道院里的人在潜入河底发现的。这个东西应该就是莉娜弟弟寄来的包裹里的东西，因为我们之前从未见过这个望远镜。可是，这和莉娜的死有什么关系呢？”

史密斯接过这个望远镜，仔细地研究了一下，做出了自己的判断：“果然和我想的一模一样。现在可以肯定，莉娜的死是有人设下了陷阱。”

史密斯接着解释了一番。“可怜的孩子，中了毒针，却又不能大声对人呼救！”

“为什么呢？”伊丽莎白疑惑地问。

“因为她是在看了我的那本被禁的书《天文学杂感》后，想进一步观察一下天体的运动，就让她的弟弟弄来了这架天文望远镜。当毒针插进她的眼睛的时候，她首先把望远镜丢到了河里，因为她不能让任何人知道她在观察天体运动，然后自己把毒针拔了出来，想自己给自己治疗，可是毒药很快发作，导致了莉娜迅速死亡。”

凶手到底是谁呢？事情的经过究竟是怎么样的？

参考答案

凶手很明显是莉娜的弟弟。事情的经过是这样的，莉娜的弟弟事先在望远镜的镜筒里装上毒针，等莉娜用望远镜聚焦时就会启动里面的机关把毒针射出来。杀死莉娜后他就可以独吞他们父亲的遗产，这就是他弟弟的杀人动机。

思维小故事

骡子生产

某小镇发生了一起杀人案，警方经过调查发现，一位从事奶酪业的农夫十分可疑。警察要求农夫提供不在场证据，农夫说：“不可能是我！那天晚上我一直在家里，我家的骡子生产，我忙活了一宿，真倒霉，骡子难产，快到天亮之时，连骡子带驹都死了。”

警察追问：“你还养骡子？”

“对，我想让它们交配生仔，没成功。要是那时有兽医在场帮忙就好了，但我没钱，请不起兽医。”

你觉得农夫的话可信吗？

参考答案

农夫根本在撒谎，骡子是不可能生产的。

巧妙运用时差的律师

南希小姐因车祸失去了四肢，撞倒她的司机驾驶的是美国一家名为“全国汽车公司”制造的汽车。在法庭上，尽管有3个目击者证实：司机是踩了刹车的，但汽车没有停住，而是车尾打了个转，把人撞倒了。但“全国汽车公司”的律师乔治先生利用警方所掌握的刹车痕迹等许多证据，巧妙地推翻了这些目击者的证词。

而可怜的南希小姐记不清当时自己究竟是在冰上摔倒的还是被车撞倒的。就这样，在“全国汽车公司”的律师乔治先生的反驳之下，她败诉了。即使自己现在已经失去了四肢，但却没有得到一丝赔偿。

纽约大名鼎鼎的律师布兰妮·帕克小姐觉得这件事很可疑，决定出庭为南希小姐辩护。布兰妮小姐马上介入调查，开始分析整个事件。首先她从“全国汽车公司”生产的汽车入手。她通过多种渠道了解到：该汽车公司近5年来共出过30起车祸，奇怪的是原因竟然全都一样——产品的制动系统有问题，急刹车时，车子的后部会打转，进而达不到制动的效果。随后她又设法搞到该公司卡车生产方面的全部技术资料，做了细致的研究。终于布兰妮小姐找到了足够的证据，决定要再次向法庭起诉，让法官为南希小姐做主。

布兰妮找到“全国汽车公司”的律师乔治先生，向他指出：在上次审理过程中，乔治隐瞒了卡车制动装置存在的问题，而她将根据新发现的证据和以对方隐瞒事实为理由，要求重新开庭审理。

乔治愣了一下，马上问她：“如果这件事不经过法庭处理，你们希望怎么样解决这件事?”

布兰妮说：“我只是想让这位可怜的小姐得到她应得的赔偿。你们公司得拿出300万美元给那位姑娘。这对你们公司来说根本不算什么。

但如果你逼得我们不得不去控告的话，我们将要求500万美元的抚恤金。”

乔治说：“好吧，这件事我会和我们老板商量一下。我最近要去国外一趟，回来一定给你们一个满意的答复。”布兰妮小姐答应了。

可是到了约好的那天，乔治律师让别人给布兰妮小姐打电话说他因为某些事耽搁了回国的飞机，不能按时赴约，请布兰妮小姐的原谅。聪明的布兰妮小姐忽然想起诉讼时效的问题，一查，果然南希案件的诉讼时效恰好在这一天届满。她知道自己上了乔治的当，但是她还是没有办法地接过了电话。

一会儿乔治打电话过来，略带得意地说：“亲爱的布兰妮小姐，诉讼时效今天过期了，谁也无法控告我啦！真的为你的当事人感到同情。”

布兰妮气得浑身发抖，她抬头看了看墙上的表，已经是下午4点了。如果上诉，必须赶在5点以前向法院提出。她问秘书：“准备这份案件最快需要多久？”

秘书说：“最起码也要两个小时。”

“‘全国汽车公司’不是在美国各地都有分公司吗？我们在洛杉矶对他们提出起诉，等法院接受了起诉我们再要求改变起诉地点，那里当地时间现在大概是下午2点钟。”

“根来不及了。现在所有的证据和文件都在我们这里，就算我们把案件的大概向洛杉矶当地律师事务所说一遍，他们再起草上诉文件也绝不可能在5点钟之前完成。”

但是争议之神永远站在善良的人的一边。布兰妮小姐最后想到了一个奇妙的办法为上诉赢得了宝贵的时间。最后结局是：布兰妮小姐胜诉，“全国汽车总公司”赔偿南希小姐600万美元。

布兰妮小姐想到的究竟是什么办法呢？

参考答案

她想到把起诉起点往西移，在横跨6个时区的美洲大陆本土隔一个地区就差1个小时。布兰妮小姐选择了在夏威夷起诉，因为夏威夷和当地相差5个时区。时间上就相当于差了5个多小时，这样便为起诉赢得了宝贵的时间。

大化妆师究竟在他脸上做了什么

一名男子冒充自己是送外卖的，骗过小区保安之后，偷偷地溜进了大化妆师家。他从腰间抽出一把匕首，威胁大化妆师说：“我亲爱的大化妆师，请您帮我一个忙，傍晚之后我保证不伤到您一丝一毫。”

这位日本著名女化妆师的化装技术非常高明，在电影界被大家称作神一般的人物。因为她能够把一个40岁的中年男人化装成一个20岁的帅气小伙，也能够把一个豆蔻年华的少女化装成一个老太婆的形象。

接着那个男子说：“我在监狱里待了3年，我实在受不了那种日子了！今天我从里面逃了出来，想让你给我化化装，让警察认不出我来。”

大化妆师朝他手里的匕首瞥了一眼，顺从地说：“好的，我答应你。你准备让我给你化装成一个什么样的人？”

“就随便一个不同于我的样子就行了。”

一会儿，镜子里映出了一张肤色黝黑、目光凶狠的中年男子的脸。

“怎么样，这模样满意吗？”

“太棒了，和我以前的样子一点一样的地方都没有，哈哈哈哈！”

逃犯把大化妆师捆了起来，又拿一块毛巾塞住了她的嘴，然后迅速离开了大化妆师的家。

半天之后，一群警察来到大化妆师的家，替她松了绑，对她说："您真是聪明，幸亏有您的帮助我们才能够将这狡猾的逃犯绳之以法。"

化妆师说："我也很害怕，万一你们来得再晚点，估计我就晕了。不过真的很高兴，最终还是抓住了他。我想他无论如何都不会知道，自己为什么还是会被你们抓住的。"

你知道罪犯怎么会这么快就被警察抓住的吗？

参考答案

大化妆师曾看见过一张通缉令，因为职业的原因她仔细地观察了那张通缉犯的脸，于是留下了很深的印象。为了不让那个逃犯逍遥法外，大化妆师急中生智给逃犯化装成一张通缉犯的脸，于是警察很快便将逃犯抓到了。

索菲娜遇强盗

这场欢快的生日聚会直到凌晨1点多才宣布结束。"亲爱的索菲娜，这么晚了，你还是在这里过夜吧，你一个人深夜回去我们可不放心啊，要不我们送你回去吧。"朋友夫妇热情地招呼车辆，要一起送阿加莎·索菲娜回家。

"非常感谢今晚的热情款待，明天我还有其他的事今天必须赶回去。你们也很累了，不用送了。况且，我本身就是个侦探小说家嘛，难道还会怕盗贼？"

阿加莎·索菲娜笑着拦住朋友夫妇，说完便自己踏上了回家的路。

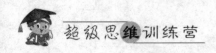

这位著名的侦探小说家确实写过很多本侦探小说，并且受到广大读

者的青睐。可是，谁会料到，今天晚上她在现实中真正经历了一场抢劫案件——

当她独自一人走在那条又长又冷清的大街上时，突然，在一幢大楼的阴影处，冲出一个高大的男子，他手持一把寒气逼人的尖刀，向阿加莎·索菲娜扑了过来。阿加莎·索菲娜知道逃是逃不了了，就索性站住，等那人冲上来。“你要干什么，我身上没有钱。”阿加莎·索菲娜显出一副极害怕的样子面对强盗。

“把你的耳环摘下来。”强盗倒也十分干脆，一眼就认出了索菲娜耳朵上的耳环是值钱的东西。

一听到强盗说要她摘下耳环，索菲娜故意装作很轻松的样子，然后假装用手摘耳环的同时，她用另一只手去护着脖子上的项链。并用另一只手摘下耳环交给强盗说：“你拿去吧！那么，我现在可以走了吧！”

强盗见她对耳环毫不在乎，而是力图用手遮掩住自己的颈脖，显然那条项链比耳环更加值钱。他没有接过索菲娜手中的耳环，而是又下达了命令：“把你的项链给我！”

“噢，先生，它一点也不值钱，给我留下吧。”

“少废话，动作快点！”

阿加莎·索菲娜用颤抖的手，极不情愿地摘下了自己的项链。强盗一把抢过项链，飞也似的跑了。阿加莎·索菲娜出了一身冷汗，深深地叹了一口气，收起了手中的耳环高高兴兴地回家了。

索菲娜遭到了抢劫为什么还这么高兴？

参考答案

她保护项链是假，保护耳环是真，她在设法把强盗的注意力从耳环上引开。因为她的钻石耳环很昂贵，而那串项链则是在路边买到的廉价货。

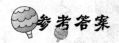

思维小故事

机灵的秘密谍报员

秘密谍报员瑞克来到夏威夷度假。一天，他在下榻的宾馆洗澡，足足泡了20分钟后，才拔掉澡盆的塞子，看着盆里的水位下降，在排水口处形成旋涡。漂浮在水面上的两根头发在旋涡里好像钟表的两个指针

一样，呈顺时针旋转着被吸进下水道里。

从浴室出来，瑞克用浴巾擦身后，就喝着服务员送来的葡萄酒，突然感到一阵头晕，随之就困倦起来。此时他才发觉香槟酒里被放了麻醉药，但为时已晚，酒杯掉在地上，他也失去了知觉。不知睡了多长时间，瑞克猛地清醒过来，才发觉自己被换上了睡衣躺在床上。床铺和房间的样子也完全变样了。他从床上下地找自己的衣服，但没有找到。

“我这是在哪呀！”

写字台上留了一张纸，上面写着：“我们的一个工作人员在贵国被捕，想用你与他交换。现正在交涉之中，不久就会得到答复。望你耐心等待，不准走出房间。吃的、用的房间内全有。”

瑞克马上思索起来。近期，本国情报总部的确秘密逮捕了几个外国间谍。其中能与自己对等交换的只有两个人，一个是加拿大来的，另一个是新西兰来的。那么，自己现在是在加拿大呢，还是在新西兰？

房间里没有窗户，温度及湿度是空调控制的。他甚至无法分辨白天还是黑夜，就像置身于密封室里一样。吃完饭后，瑞克走进浴室，泡了好长时间，身体都泡得松软了。他拔掉塞子看着水位下降。他见一根头发在打着旋儿呈逆时针旋转着被吸进下水道。突然，他想到了在夏威夷宾馆里洗澡的情景，情不自禁地嘀咕道：“噢，明白了。”

那么瑞克被监禁在什么地方了？证据又是什么？

参考答案

瑞克是被监禁在新西兰。这个禁闭室，澡盆水是呈逆时针方向流下去的。而在北半球的夏威夷宾馆里，拔下澡盆的塞子，水是呈顺时针方向旋转流进下水道的。所以，瑞克弄清了当地是位于南半球的新西兰。

魔高一尺道高一丈

明朝南阳县城里有个很大的粮仓，粮仓里储存着几十万担官粮。

一日，一个中年人鬼鬼祟祟地来到这个粮仓，把管粮人吕元叫到了一个没人的地方，悄悄地对他说道：

“有人要买粮食，咱们搭伙再干一次！”

“不行，此一时彼一时啊，新调来的那个库官冯忱可厉害了，眼里不能揉一点沙子。”

“那有什么大不了的，如果出了事，大不了犯事都推到他身上，到时候你一口咬定他，他就是有嘴也说不清啊。”

“能行吗？”

“当然能行，一切听从我的安排。”

男子附在吕元的耳朵上嘀咕了几句，吕元露出两排大黄牙笑了。

原来，这个男人和吕元想出了一个十分阴险的计策。他们先假造了冯忱批示的卖粮信，又由“黄脸皮”拿着假信买走了几千担粮食。

半个月后，冯沈发现粮食被人盗卖，气得浑身发抖，他拿着那封假造的买粮信说：“盗卖了粮食不算，还来诬陷本官。”他决定就是冒着受冤丢官的危险，也要把盗卖粮食的人查出来。

冯忱到官府报了案。可他并不知道，这时吕元已恶人先告状，把一纸状词递到了官府。

县尉张族受理了此案。他问冯忱道：

“你说那封信不是你写的，可是实话？”

“下官办事清白，绝写不出那种信！”

“可那信上的字很像你写的！”

“是这样。我也不明白这是怎么回事？”

张族边问边观察着冯忱脸上的表情变化。他发现冯忱镇定自如，根本不像在说假话，便又问道：“盗卖粮食的人把那封信交给谁了？”

“是吕元经手的。”

“吕元？”张族思忖了一下，对一名差役说道：“去把吕元传来。”

不一会儿，吕元被传来了。

张族问道：“吕元，这封信是谁交给你的？”

吕元眨了眨眼睛，回答说：“大人，就是冯大人交给下官的啊。”

“什么？你说什么？”冯忱愣住了，转而愤怒地瞪着吕元骂道：“你这个混蛋，竟然诬陷我！”

“住口！”张族止住了冯忱，又问吕元：“你写的状词可是实情？”

“请大人放心，绝无半句戏言，我敢用脑袋担保。”吕元提高嗓门喊道。

冯忱站在一旁十分气愤，心想，都说张族办事公平，今日却为何偏听偏信？

这时，张族拿过一张纸，盖住两头，只留中间一个字，问道：“吕元，你仔细看看，这是你写的字吗？”

吕元看了看，答道：“大人，这字不是我写的！”

张族又拿出一张纸，照样盖住两头，只留中间的一个字问道：“吕元，你再看看这个字是不是你写的？”

吕元又看了看，故作镇静地答道：“大人，这字才是我写的呢！”

张族听了吕元的回答，朗声大笑：“你中计了。”说着，把那两张纸放在了吕元的面前。吕元看后面如土色，只得低头认罪。

张族立即派人把神秘男子也抓获归案。

张族是怎样推断，又先后拿出两张什么迫使吕元认罪的呢？

参考答案

张族推断，吕元奸诈狡猾，自作聪明，一定会认为先拿出来的信是考验他的假信，肯定不敢承认。于是，张族技高一筹，先拿出吕元亲自写的状词，让他辨认。果然不出所料，吕元由于疑心重，马上回答说上面的字不是他写的。张族又把那封假信拿出来，盖住两头的字再让吕元辨认。吕元看了看字，心想，刚才没有承认那张纸上的字是我写的，现在再不承认这张纸上的字是我写的，可就露馅了！于是，他承认了这字是他写的。但是这时正好掉进了张族的圈套。

思维小故事

聪明的小福尔摩斯

约翰是一名普通的五年级学生。但他一直认为自己是个小福尔摩斯。一天，约翰在路上散步时，他看到有两个人正在争论着什么，就跑过去看看是怎么了。约翰看出这两个人是他的同学奥米和威廉。奥米正在指责威廉杀死了他最心爱的宠物——蟑螂！威廉则解释说："今天清晨，奥米让我帮他照看他的蟑螂，所以我一整天都把它放在身边。大约1小时以前，我发现蟑螂好长时间没弹过了。我就拍了拍笼子，它却毫无反应，于是我就给奥米打电话。那时，蟑螂就已经这个样子了。可奥里米却说我杀了他的蟑螂。真是太冤枉我了！"

约翰看了看背上还带有光泽的蟑螂尸体，思考了片刻，最终断定是威廉杀死了蟑螂。

那么，约翰又是怎么知道的？

参考答案

根据常识，蟑螂自然死亡时应该是肚皮朝上的。可约翰看到的蟑螂的尸体却是背朝上的。可惜威廉懂得的昆虫学知识太少，结果被约翰看出了破绽。

人证物证

宋朝初年，有一高一矮两个人来到淮阴县打官司。高个子的叫陈石，矮个子的叫林兴，两人口水仗打得不可开交，谁都不让着谁。

“肃静，你们一个一个地把事情的经过给本官叙述一遍。”知县一拍惊堂木，喝住了他们。县令对陈石说：“你先说吧！”

陈石抹了把额头上的汗珠，说：“大人，我和林兴隔条河住着，平时常有来往。大前年，我们亲戚家里意外着火，急等着用钱修房子过年，无奈之下我把家里的一处良田典当给林兴，得典当金900贯。当初我们约定，期限为3年，3年之后我再按原价赎回。现在，3年到期了。昨天，我去赎地时，因为900贯钱很重，我便分几次送去。可是，当我把最后100贯钱送到他家时，他赖账了，不肯把典当地契退还给我。迫于无奈，只好将其告上县衙，希望青天大老爷为小民做主啊。”

“把收据拿来给我看！”

陈石后悔地说：“大人，当初我因急于用钱，况且和他也算略有交情，就没有开收据。”

“该你了！”知县大人又对林兴说。

林兴满脸怒气地说：“大人，陈石是在胡说八道，血口喷人。我虽不趁万贯家财，但在这一带却也算个富户了，哪能赖他800贯钱呢？”

“你可有证人？”

“没有。”

“胡闹！你们既无证据，又无证人，来这里找本官干什么？还不都给我滚下堂去，不然各打你们30大板。”衙役把陈石和林兴赶出了衙门。

二人出来后，狡猾的林兴暗自发笑，可怜的陈石却因为没能得到知县大人的做主而显得格外沮丧，甚至低声地在哭泣。此情此景让一位满头白发的老头看见，知道事情的原委之后，好心地告诉他说：

“江阴知县赵和善断疑案，不妨找他去试一试。”

“江阴与咱这里不属一个州县，就怕赵和不肯管。”

“唉，你如今已经走到了这个地步，不试一试怎么知道不行呢？”

事到如今，也只有这么办了。陈石因打官司心内焦急，第二天，便奔江阴县而去。五六日后，他来到了江阴，叩见了知县赵和。

赵和虽然有超人的智慧，但听了陈石的叙述后，还是摇头说道：“我是江阴的小官，你是淮阴的百姓，我实在是心有余而力不足啊！”

“大人，我迢迢百里来此，就因为听人家说你能为民做主，断案如神。你若不管，我今后的日子可怎么过啊……”

赵和看见陈石绝望的样子，缓了口气说道：“既然如此，本官就尽力试试吧，但是能不能成功就看你自己的造化了！只是你先不要回去，可能过几天要你当堂对质。”

“谢大人！”陈石终于看到了希望，当即给赵和接连磕了好几个响头。

听了这个案子赵和刚开始也有点犯难，毕竟这种一无人证二无物证的案子他也没有处理过。赵和深思熟虑很久后终于想出了一个好办法。他给淮阴知县写了一封公文，不但让他派人把林兴押到了江阴，还使林兴自动交代了赖掉陈石800贯钱的事实。

赵和在那封公文上究竟写了些什么呢？

参考答案

赵和在公文上写道：“这几天我县抓住了几名强盗。他们供认，他们所抢的一部分赃物窝藏在你们县的一个叫做林兴的家里。请将林家查封，并把林兴速押来江阴。”赵和名气很大，淮阴知县也敬他三分。见了公文，淮阴知县立即派衙役把林兴抓来，派人押到江阴。赵和让林兴把所有财产填写一份清单，检查他的财产是否都有着落。林兴怕因抢劫案受到牵连，便在清单上如实填上了每一项支出和收入，其中便有一项："陈石赎地归还铜钱800贯。"赵和又找来陈石当堂对质，林兴哑口无言，只能当即认错，并将典当地契退还给了陈石。

两张不同的状纸

故事发生在唐朝。一天早朝，有一个叫乔仁的大臣出班禀奏控告岐州刺史李靖谋反。

乔仁递上一纸状词，并一一列举了李靖意图谋反的7条罪状，并且内附各种证据。

高祖拿过乔仁递上来的状词，心里又惊讶又疑惑。他想："我对李靖一直是十分信任的，他怎么能反叛呢？"想到这里，他又展开乔仁递上的状纸，逐字看了一遍，然后问乔仁：

"你告李靖谋反，你确定这些东西全部属实吗？"

"千真万确。陛下若不信，可以派人去查！"

"如果调查结果相反呢？"

"臣甘愿被反坐处罪！"

高祖看见乔仁表现出一副忠心耿耿的样子，心中的疑惑完全被愤恨所代替了。他铁青着脸，心中在考虑让谁去查李靖更合适。

经过周密的思考之后，决定派正直忠厚的梁光去调查此事。

第二天上朝，高祖当众任命梁光为钦差大臣，专程去岐州调查李靖谋反之事。

这时，梁光向皇帝说要求乔仁一同前往。

乔仁一想，这样也好，路上可试着对梁光施以贿赂，还许能把他争取过来呢！自己的如意算盘就是这样打的。

高祖应允了梁光的请求。于是，梁光和乔仁当即赶往岐州。

梁光很熟悉乔仁为人奸刁阴险。他虽然不清楚李靖是否真的想造反，但是话出自乔仁之口，那么事情肯定有猫腻，估计八成是乔仁在陷害李靖。他十分痛恨乔仁这样的奸臣，又不免替李靖担心。一路上，梁光表面上与乔仁谈得很投机，心里却一直在琢磨着怎样才能查明此案。

离开京城几天后，梁光想到了一个好主意，他卸下行李，慌慌张张地找到乔仁说：

“乔兄，不好了，你写的那张状纸被管理行李的人不小心弄丢了。您看这可怎么办啊？”

“这有什么，重写一张就是了。”

乔仁不知是计，很快重写了一张。这时，梁光厉声对乔仁说道：“乔大人，你中计了。你陷害忠良，欺君犯上，还不与我回京城服罪！”

听了这话，乔仁才知中了梁光的计，后悔不已。

回到京城，高祖听完梁光叙说了事情的经过，命令把乔仁按诬告陷害罪杀了。

梁光的计策是什么？

参考答案

如果乔仁告李靖谋反是事实的话，那么乔仁重写的状纸应该和之前的那张一样。可是梁光把两张状纸一对，发现内容有很大出入。就这样梁光揭露了乔仁诬陷李靖的犯罪事实。

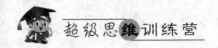

思维小故事

聪明的柯南

很久以前，有个聪明的孩子叫柯南。有一次，他和父亲去外地旅游，在一家旅店里住。不料，到了半夜，一个强盗手持刀子闯进他们的

房间，并用刀逼迫柯南和他的父亲拿出钱财，否则就要对他们不客气了。

就在此时，打更的梆子声从远方传来，心虚的盗贼就催假装在找东西的柯南赶快交出财物。此时柯南却告诉强盗，如果着急的话就必须允许自己点亮灯来找。由此，就在打更的梆子声在房间的门外响起的时候，柯南点亮了灯盏，并把父亲藏在枕头下面的钱交给了强盗。就在这个时候，门外的打更的人却突然大声地发出了“抓强盗”的喊叫声，很快，人们就冲进了房间，抓住了还来不及跑掉的强盗。

你能想到柯南是怎样为走在门外的更夫做出屋里有强盗的暗示的吗?

参考答案

在更夫走到屋子外的时候，柯南点亮了灯盏，这样强盗拿着刀的影子就很清楚地映在了窗户上，这便给更夫提供了一个最好的暗示，所以更夫知道了屋子里有强盗。

多亏了黄泥

李德裕是主政浙江的最高行政长官。有一天，在复查案卷时，发现有个案子判得不明不白，疑点很多：

甘露寺的一个新主事僧说，他接管寺庙的财产时，文书上写着有黄金 100 两，但并没见实物，只是一张空文。而甘露寺前几任的主事僧和几个管庙务的和尚都说这 100 两黄金，一任传一任，到新任主事僧手里不见了，是他在外面胡作非为，把金子挥霍掉了。众僧作证，新任主事僧无理可讲，只好承认自己私吞了寺庙里的黄金。现在此人已被撵出甘露寺，并服刑在押。只是新任主事僧究竟用这些钱干了什么还没有查清……

李德裕想：案子是由那100两黄金引发，黄金的下落还未真正查清，案子怎么算了结了呢？于是，他把被告传上大堂，重新进行查问。

“被告，你把寺庙里的情况以及黄金的事向本官详细地说一说。”李德裕问道。

“启禀大人，现在在庙里做和尚的人都乐意掌管庙务，好从中捞些油水。多年以来，前后好几任主事僧，都是凭空交接写着黄金100两的文书，其实并没有黄金。大家心照不宣，乱中谋私，庙中的财产年年被他们侵吞。只是我新来乍到，处境孤立，我又不想和他们同流合污，他们便孤立我，排挤我。诬蔑我私吞了庙里的黄金……”话未说完，跪在地上的被告已是泪流满面，一脸的冤屈。

“谁是谁非总会弄清楚的！”李德裕的态度不冷不热，不偏不倚，当即把被告打发走了。他低头沉思，很快想出一个破案办法。他想：“以前的几任主事僧，交接财产时，文书上都写有黄金，到底有没有黄金，还是让他们自己来证明吧。”

他马上派出许多乘轿子，把那些有关的主事僧都请了来。

“在你们任主事僧交接财产时，文书上都写有黄金，请问，确有黄金吗？”李德裕突然这么问。

主事僧们都觉得这件事非同小可，一个个都很紧张地屏住呼吸等待李大人的审问。

李大人继续问，主事僧们一个个面面相觑，所有人都看其中一个主事僧的眼色行事。

李德裕看出了其中的猫腻，于是灵机一动，想出了一个好办法。他让这些主事僧分散开，然后命令手下人弄来一些柔软的黄泥，每人分得一块。最后李德裕说：“你们每人都用手中的黄泥捏出你们曾经交接过的那块黄金的形状，一定要仔细认真地做，不然定有重罚。”

不一会儿，这几个主事僧们就都拿出自己捏出的黄金模样交给李德裕看。李德裕逐个查看完之后，马上大声地命令衙役："来人，把这几个主事僧都给我抓起来。正所谓天网恢恢疏而不漏，你们最终还是要被绳之以法！"

李德裕究竟是通过什么办法就认定这几个主事僧有罪呢？

参考答案

李德裕通过分析，断定这几个主事僧根本就没有交接过黄金，因此也就不会知道黄金是个什么样子。这样，他们捏出的黄金模样也必然是各不相同。所以案子也就真相大白了。

狄仁杰扮阎王

从前有一个名叫郝广友的普通农民，在端午节的那天，带着他的妻子和女儿去县城观看赛龙舟。因为这一天很高兴，郝广友就在镇上开怀畅饮，喝得多了一点，回家后酒劲大发，不禁酣睡不醒。到了晚上，他的妻子突然一声号啕大哭，邻居们不知怎么回事便闻声赶来，只见郝广友鼓出两只大眼，已经断气了。大家不知怎么回事便连夜禀报给县令狄仁杰。

狄仁杰在当地断案是出了名的。他接到这个案件后，马上带着衙役来到了郝广友的家，他先是仔细地查看了郝广友的尸体，发现死者既无明显伤痕也无中毒迹象，便又开始细心地查验死者的住房，查着查着，突然细致的他发现死者家的地窖内有一个秘密通道，地道的另一头居然是邻居孙坤的家。狄仁杰觉得这件事肯定和死者的死因有关，便把邻居孙坤传到衙门进行盘问。孙坤一见狄仁杰便慌了神，马上就招供，承认自己与郝广友妻子有私情。私密通道就是他们挖的。

狄仁杰见孙坤说出了实情，事情有了进一步进展，便马上就开始审问郝妻，并且将孙坤承认与郝妻有私情的事实告诉了郝妻，希望郝妻坦白交待。

郝妻不但不听狄仁杰的好言相劝，反而说那通道是嫁到这里时就有的，并在狄仁杰面前大骂孙坤说他因调戏自己不成，居然害死了她丈夫郝广友。

狄仁杰眼见自己没有真凭实据来认定郝妻是凶手，于是耐心地问郝妻："你丈夫白天还好好的去看龙舟比赛呢，为何晚上便突然被人杀了呢?"

郝妻立马回答道："好多事是命里注定的，正所谓阎王要你三更死，你便活不到五更，我们也没办法。"

狄仁杰在郝妻回答自己的问题时，便留心观察她的表情，心中初步认定郝妻一定与死者的死有关系。突然他在脑海中想出了一个计策。于是，他让衙役先将郝妻押在狱中，在半夜三更之时，便将郝妻定了罪，破了这个案子。

狄仁杰是如何让郝妻伏法的呢?

参考答案

当半夜三更的时候，郝妻突然被两个蓬头小鬼押到一个阴森森的大殿，殿两旁凶神恶煞张牙舞爪，牛头马面如狼似虎，极度恐怖的气氛让郝妻心惊胆战。大殿正中端坐着阎王。郝妻见到如此的场面，霎时吓得脸都变了色。

在幽暗的烛光下，从殿后走出了一个鬼魂，突鼓着两眼对着郝妻叫道："你这贱人，还我命来!"郝妻慌乱间定睛一看，那人竟是自己的丈夫郝广友。这时，阎王开口问道："郝广友，你有何冤屈可如实禀告。”郝广友马上呈上了一份状纸，说道：“我的冤屈全写在状纸上，请大王审阅。”阎王看完状纸，对着郝妻大声喝道：“大胆泼妇，与人私通，谋害亲夫，还不从实招来！”

郝妻已经吓得不行，连忙招供是自己与孙坤私通，在那天晚上用钢针把自己的丈夫给刺死的事实。

阎王命令道：“立即画押！”郝妻便画了押，待画完押之后，大殿上忽然灯火通明。堂上坐的阎王，原来是狄仁杰假扮的。原来狄仁杰见郝妻相信因果报应和阴间阎王的迷信之说，便巧妙地利用这些破了案。

思维小故事

从何处射来的箭

用画家为掩护身份的间谍甲被发现死在画室中，他是被利箭从背后射死的。

鉴于画室的门是从里面锁好的，从外面打不开，窗户又没有开过的痕迹，只有风窗是打开的，有的警察认为箭是从风窗射进来的。但警长乙却坚决不同意这种看法，他认为甲是在其他地方被射死，然后有人将尸体从风窗抛进画室的。

他是根据什么作这样的推理的呢？

参考答案

如果箭是从风窗射进来的，箭的角度一定是从上向下斜，但是实际情况却刚好相反。因此，可能是间谍甲在别处被射杀之后，再把尸体从风窗丢进画室。

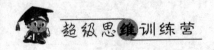

巧用驴破案

唐朝的时候，河南有个叫做河阳县的地方。因为交通比较方便，所以集市贸易特别兴旺。每逢初一十五，赶河阳集的人总是络绎不绝。

一个月初一的上午，一个客商到河阳来卖东西。中午过后，集市快散了，他的东西也很顺利地卖光了。他找到一家小饭店，把小毛驴拴在外面，很惬意地吃了一顿，饭后又歇了一会儿，就准备上路了。

等他走出饭店一看，他的小毛驴居然让人给拉走了。只有半截被割断的缰绳留在原来拴驴的树桩上。

客商着急起来，便四处打听寻找。可一直找到傍晚也没有找到。他不得不住在当地的客栈，第二天继续寻找。又找了一天，结果还是没找到。于是，这位客商便去县衙报了案。

河阳县县令名叫张建。他接到报案，立即命令差役把寻驴告示张贴在各主要街口，告诉偷驴的人把驴赶快放出来，官府一定从轻发落，并要知情人到县衙举报。告示贴出的头一天，还没什么动静。到了第二天，张建又命令差役把寻驴告示贴进县城的大街小巷，声称要进行搜查。因为追查的动静越来越大，私藏客商驴子的人做贼心虚，在晚上便把驴子悄悄地放了出来。

这天早晨，客商在大街上忽然见到了自己的驴子，心里很高兴，可是发现自己的新的驴鞍子没有了，他找到差役说，还有一个新的驴鞍子背在驴身上，现在不见了，一定是偷驴的人藏起来了。

一个差役不耐烦地说："驴找到就行了，鞍子值几个钱！"

"驴鞍子不是活物，不能像驴那样会自己走回来。再说，鞍子那么个小玩意，如果有人藏起来，我们很难找到。"另一个差役补充说。

两个差役满不在乎的样子，让客商十分不高兴，他就又来到县衙，希望张建能帮他再找到鞍子。张建很有把握地告诉他："既然驴子都找到了，驴鞍自然就有线索可查了。"果然，第二天，张建就找到了驴鞍。你知道他是如何找到驴鞍的吗？

参考答案

张坚叫两个差役去专门看管驴子，并命令差役千万不得给驴子喂料。经过一天一宿之后，驴子已经饿得直叫。第二天傍晚，张坚命令差役将驴子放开，随它任意走动，几个差役跟在驴子的后面。驴子又饿又渴，便径直跑到这几天饲养它的那一家去。差役跟着进去，一搜查，果然找到了鞍子。

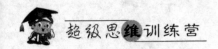

第二章　灵活的思维

密室中的命案

一间窗户是紧闭、门也锁得严严实实的密室中，屋内一名男子被杀害。

警察检查案发现场时发现门上的小气窗是开着的。可是唯一的一把房门钥匙却在桌子上。

同时在气窗和钥匙这一条直线上，有一盏很大的落地台灯。因此凶手也不可能从小气窗把钥匙扔进来。

那么，凶手到底是怎样从这密室中出去后又把钥匙放到桌子上的呢？要知道，凶手的确是在密室中将男子杀死的。

参考答案

假设你回答的是用钓鱼竿把钥匙放在桌上，那你就错了。因为中间有台灯挡着，所以没有办法将钥匙放在桌上。

那么，究竟怎么放的呢？

凶手作案后，在桌子上钉一根钉子，然后在钉子上系一条线，一直通到气窗外。他出去锁好门后，从气窗外将钥匙放进来。最后再用力将铁钉和线拉回。

思维小故事

奇怪的解锁方式

第二次世界大战中，艾弗的小分队有一次受命去德国参谋部保险柜里去偷一份十分机密的文件。小分队设法潜入德国参谋部对面大楼的房

间里，因为时值盛夏，所以参谋部每扇窗户都是敞开的，他们轮流用望远镜监视放有保险柜那个房间的情况。

当小分队的负责人艾弗监视时，德国司令突然走过去开保险柜，他赶忙命令部下说："现在德国司令官要打开保险柜，把我所说的记下来，右5，左13，右4。"

于是，当天深夜，艾弗小分队潜入参谋部大厦。

在手电筒的光线下艾弗依照白天记下的"右5，左13，右4"转动保险柜上的转盘，但是保险柜却打不开。艾弗转动了好几次，结果都是一样。他站起来观察了一下房间，突然醒悟过来，于是他又转动3次，保险柜就很快被打开了。

参考答案

因为艾弗发现白天用望远镜所看的是反映在镜子里面的影像。

只要稍留神一看，就会发现希特勒画中举的是左手。但是他实际却应该举右手。也就是说，这张希特勒的画像是映在镜子里的影像。

所以，白天所看到的德军司令官打开保险柜时转动转盘的方向刚好相反。

艾弗在看到镜子的时候才发现真相，重新按反向旋转，最终打开了保险柜。

光线的交汇处

这事发生在第二次世界大战期间。英国空军的麦克中校接受一项任务，要求在黑夜从一座大桥下飞过，保证距离水面25米的高度。这可难坏了奥斯曼中校，因为超低空飞行时，高度显示器毫无用处，夜间飞行又什么都看不清，高度控制稍有偏差，飞机就会钻进水里，或撞在大桥上。

满是心事的奥斯曼在伦敦街头散步，无意中进了一家音乐厅，要了一杯威士忌酒。“他妈的，这简直是谋杀！”奥斯曼恨恨地骂道，一口把酒全喝了进去。

正在此时，黑暗的舞台上突然从左右天花板分别射出两条光柱，在光柱相交的地方，亭亭玉立地站着一位漂亮的舞女。

“噢！我有办法了！”奥斯曼忽有所悟，兴奋地跑出音乐厅。

经过一番训练后，奥斯曼果然顺利地完成了这项惊险的任务。

那么，奥斯曼想出什么办法了呢？

参考答案

执行任务时，奥斯曼只要保证光柱交点正好在水面上，就可以安全顺利地钻过大桥。在飞机的机身上装设两处灯光，使两道光柱相交在飞机下25米处。

思维小故事

停电夜晚的看书人

为了破获一起案件，警察对嫌疑者逐个进行调查。

“昨晚9点钟时你在哪里？在做什么事？”警方仔细盘问着。

“昨晚9点时，我正在家中看书，直至深夜才上床休息。”

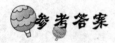

警方根据此人说的情况，进行了深入调查，得知那天晚上差5分9点时，由于雷电关系，他所居住的那一个区发生停电事故，停电的时间一直延续到第二天早晨。

在对他家的搜查中，也没有发现电筒、蜡烛或其他照明工具。不过，警方最后还是相信他所说的情况，确信他与本案无关，很快便把他释放了。

那么，停电时他又是怎样读书的呢？

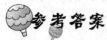

参考答案

原来，这人是盲人，所以阅读的都是盲文书籍，不需要任何光线照明。

小箱子的玄机

一夜，一个黑影趁门卫换岗的机会，悄悄溜进了一家民俗博物馆，偷走了大批的珍宝。

侦探维特斯负责调查这个案子，迅速地把本市所有的珠宝店和古董店都调查了一遍，但一无所获。

无奈之下，维特斯找到了很有名的探长奥利，向他请教。

“假如你偷了东西，你会藏到珠宝店或者银行的保险箱里吗?”奥利探长反问起来。

“嗯，我当然不会。”维特斯答道。

奥利探长说：“你不必费心了，别到那些珠光宝气的地方去找，应到那些不起眼的地方去走走。”

说着他们来到了城边的贫民区。维特斯一脸的疑惑：“这能找到破案的线索吗?”他表现在脸上，但嘴里没有说。此时，有一个瘦弱的青年从身后鬼鬼祟祟地闪了出来。他低声问：“请问，要古董吗？价格很便宜。”

“有点兴趣!”奥利探长漫不经心，“带我去看一看。”

只见那个青年犹豫一下；奥利又补充了一句：“我是一个古董收藏家，要是我喜欢的话，我会全部买下来的。”

那人听到是个大客户，就不再犹豫，带着他们走过了一个狭小的胡同，来到一个不大的制箱厂。在这里还有一个青年，在他面前堆满了从1~100编上数字的小箱子。

等在这里的青年和带路人交谈了几句，就取出了笔算了起来，他写道：“×××+396=824。显然，第一个数字应该是428，他打开428号箱子，取出了一只中世纪的精美金表。忽然，他看见了维特斯腰间鼓着的像是短枪，吓得立刻把金表砸向阿密斯，转身就跑。维特斯一躲，再去追也没有追上，就马上返回了。

奥利探长立刻对带路人进行了审讯。

“我什么也不知道!”带路人看着威严的警察，“我是帮工的，拉一个客户给我 100 美元。”

“还有呢?”斯密特探长追问。

“我只知道东西放在 10 个箱子里，他说过这些箱子都有联系而且都是 400 多号的……”

“联系？”斯密特探长琢磨起来。接着，他发现一个有趣的现象：把 428 这个数字的不同数位换一换位置，就是 824，这就是说，其他的数字也有同样的规律！斯密特探长没用 1 分钟就找到了答案。

奥利探长是怎样找到答案的呢?

参考答案

奥利探长根据带路人提供的每个箱子都有联系，而且都是 400 多号的情况，发现了其中的内在规律：两数之和的十位上的数字与第一个加数的十位上的数字相同，这就要求个位上的数字相加一定要向十位进 1，1 与第二个加数 396 十位上的 9 相加得整数 10 向百位进 1，所以两数之和的百位上的数字一定是 8，而它的十位上的数字从 0 ~ 9 都符合条件，因此，藏有赃物的另外 9 个箱子的号码是：408、418、438、448、458、468、478、488、498。

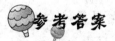

摩天大楼里的格林

格林住在一座36层高的摩天大楼里，可是我们不清楚他到底住在第几层。这座楼里有好几部电梯在同时运行，且每部电梯无论是向上还是向下，每到一层都会停靠。每天早上，约翰都会准时离开他的家，然后去乘电梯。格林说，他无论乘哪部电梯，电梯向上的层数总是向下的3倍。

现在你知道格林到底住在几楼吗？

参考答案

因为“电梯向上的层数总是向下的3倍”，所以，电梯向上和向下的层数之比为3∶1。那向上的层数就是27层，向下的层数就是9层。因此，约翰应该是住在第27层，电梯从第1层升到第27层，共27层；电梯从第36层下到第27层，共9层。

思维小故事

白纸上的盲文

在远郊区的一幢别墅里，发现了一个盲人老太太的尸体，她伏在书桌旁，手里还拿着织针，书桌上有一张白纸。

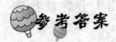

A 警长负责调查这宗命案。他在察看房内时，觉得老太太被谋杀的可能性很大，但室内又无线索，甚至连杀死老妇的凶器也不在案发现场。这使警长很是头疼。

警长坐在书桌前沉思，看见了桌上的白纸，灵机一动，若有所悟，最后，警长就凭这张白纸缉捕到凶手。这张纸上到底有什么秘密，能使警长破案呢？

参考答案

因为老太太死前在白纸上用织针刺出盲文，将她所知道的案犯情况都记录了下来。

思维小故事

钟楼命案

早晨，古城钟楼下发现一具尸体。钟楼有 10 多米高，在尸体上方钟楼的最高层，有一扇窗户被打开了，风吹得窗户啪达啪达直响，死者可能就是从这扇窗里跳下来的。死者衣衫褴褛，显得穷困潦倒。

"这肯定是自杀。看来这个可怜的人对生活完全失望了，选择从钟楼上跳下来的方式结束了生命。"一名警察这样说。

"你不觉得这结论下得太早了吗?"严厉的A警官不满地看了那名警察一眼，然后用尺量了一下尸体和大墙之间的距离——只有30厘米，又抬头看看那扇窗户的高度，十分果断地说："死者根本不是从钟楼上跳下来的，所以，这完全可能是一起谋杀案。"

法医验尸证实了死者确实是在别处被人杀死，尸体被人搬至钟楼下的。A警官经过细致的调查，很快破获了这起谋杀案。

请问A警官为什么说死者不是从钟楼上跳下来自杀的呢?

参考答案

尸体离墙基只有30厘米远，如果从几十米高的空中跳下来，尸体不可能如此靠近墙基。

说谎的破绽

这一天，美国某市警察局的雷尼警长接到自称彼尔的人打来的电话。他报告说：由他押运的那节车厢中的一只装着300万元旧钱币袋被人抢走了。许多国家都定期销毁一定数量的破旧污损纸币，以便发行同等数量的新纸币。销毁旧钱币是在非常秘密的状态下进行的，这次居然被人抢劫，并且数目这么大，绝对是个大案。

雷尼警长马上放下电话，带领助手赶到现场。可是除了两个烟头之外再没有其他线索。

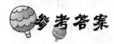

彼尔头发蓬乱，脸上还有一道血痕，非常狼狈，他向雷尼警长讲述这件事情的的经过："昨天上午7点半，我像平常一样，把站台上所有

的东西装上了火车。这时候，我的上司用手推车推来了一个邮袋，对我说这个邮袋里面装的是300万元要销毁的旧钱币。他要我把这个钱币袋也装上火车，运到终点站以后，就交给站长。还有，路上千万不要让任何人知道这件事，一定要好好看守。我就按照吩咐把它装上火车。大约在11点15分，我正在准备下一站要卸下去的东西时，忽然听见有人在敲门，我就去开门了。

“那么，你还记不记得那是一种怎样的敲门声？”

“先是轻轻地敲了两下，然后又重重地敲了三下。”

“你有没有问敲门的人是谁？”

“没有，因为我觉得来人可能是列车长，或者是列车员，但是绝对没有想到是坏人，因为我确定这个车上除了我以外，没有任何人知道这件事了。”

“那么你到底有没有看清楚进来的人是列车长还是列车员呢？”雷尼警长又问。

“进来了两个人，我根本不认识他们。这两个人都戴着面具，只露着两只眼睛！根本看不清他们长得什么样子。哦，对了，他们还戴着手套呢。”

“他们进来后干了些什么？”

“那个大个儿胖子进来后没等我说话，就一拳把我打倒在地。然后用绳子把我捆了起来。然后那个瘦个儿从小桌下面取出了钱币袋，带走了……”

“那么，你脸上的那个口子是怎么回事呀？”

“被那个大个儿胖子手上的戒指划的。”

“哦，那他戴的是什么样的戒指呢？”

“戴的是金戒指，那上面好像还有一块蓝宝石。”

“你讲得真是太生动了，”雷尼警长笑着说，“来，抽支烟。”

“谢谢您，我不会抽烟。”彼尔说。

“你不会抽烟，为什么在那节车厢里会有两个烟头呢？”

“哦，对了，就是那两人的，他们进来的时候，每人嘴里都叼着一支吸了一半的香烟。”

“他们待在车厢里的时候，你听见他们说了些什么吗？”

“没有，因为当时火车的声音很大。”

雷尼警长微微一笑，说：“这个案我已经知道事情的经过了——罪犯就是你！”

“雷尼警长，你可不能冤枉好人呀！”

后来，警察在彼尔家搜出了300万元旧钱币，并抓获了彼尔的一个同伙。

雷尼警长为什么确定彼尔就是罪犯？彼尔的话中有哪些漏洞？

参考答案

因为彼尔先说那两个人戴着手套，后来又说戒指把他的脸划伤，有手套怎么会看到戒指呢，更别说看到蓝宝石了，显然他在说谎。

顺子究竟在哪儿

一周前，推理小说作家江川乱山先生就住进了某饭店的1029号房间，埋头写作，一次都没有出来过。他的女朋友电视演员顺子来住了一宿。第二天，她穿戴整齐，出了门。

意想不到的是，在等电梯时，一个男人用刀子胁迫顺子，把她关在饭店的另一间屋里。

那个男人给江川乱山打电话说：“今天下午3点以前，把500万元钱放到中央公园喷水池旁的长凳上。如果你报警，你就别想再见到你的女朋友！”

顺子被堵上嘴，绑在椅子的扶手上，她上臂部绑得比较松，手腕勉强能自由活动。不过，就是不能解开绳子。

罪犯说吃了饭再来，便出了房间。

顺子看了看表，此时正是1点过2分，她已被关押了将近两个小时。她想尽早告诉乱山她被关押的地方，以便能来救她。被罪犯带来时，她看见门上的号码，并暗暗记下。在绝望之时，她忽然急中生智，当手表走到1点过5分时，她用左手手腕，拼命向椅子的扶手上撞，经过数次撞击，表被撞坏了，时间定格在1点5分。

罪犯回来后，顺子说：“我有个要求，想把我的表交给乱山先生。你把我绑在椅子扶手时，表撞到扶手角上。这块表是我生日时乱山先生送我的礼物。他见到表才会相信，你如果空着手去，他不会把钱交给你的。”

他从顺子手腕上解下手表，直接装进口袋里。

3点钟前，乱山先生已从银行取出钱，乘出租车到了公园。他发现喷水池旁的椅子下，扔着一个已经被揉皱的购物袋。乱山捡起一看，里面有块手表和一张便条。

便条上写着：“手表你认识吧。马上把钱放入这个袋中，然后把袋藏到旁边的垃圾箱里立即走开。我在暗地里监视你，别想看到我！”

乱山先生看着手表，心里马上更加着急，心想：“表壳被打坏了，时针停在1点过5分上。难道顺子受到了粗暴的虐待吗？如果真是如此，想得到赎金的罪犯为什么又特意给我看这块表呢？他应该不让我担心顺子的命运才对呀！那么，这块表应该是她急中生智发出的求救信号吗？”

乱山先生不愧为推理作家，思考片刻之后，他惊喜地说：“啊，原来如此，顺子一定被关在自己住的那个饭店里的某间房中。”

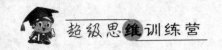

乱山收起钱袋，快步走出公园，招手叫了辆出租车，火速赶到

饭店。

一到饭店，他直接奔向认定的房间。门被反锁着，敲门也没人应。乱山叫来经理，向他说明情况，把房门打开。果然，顺子被绑在椅子上！

那么，顺子被关在饭店的几号房？乱山是怎么推断出来的？

参考答案

顺子手表停在1点过5分，就是她被囚禁的房间号码。下午1点过5分，读十三时零五分，于是乱山断定是十三楼的1305号房间。

电扇飞转

5月中旬，巴黎集邮爱好者协会在巴黎国际展览馆举办珍贵邮票展览，除了协会的会员外，一般人不得入内。负责看守展品的也全部都是协会的会员。在陈列的展品中，有好多东西都是价值连城的珍品。如果让外行人来参观或管理，很有可能会被偷走。现在出入的人都是协会会员，集邮爱好者协会以为这样就能确保珍品的安全了。

可是人算不如天算，最终还是出了事，有个负责看守展品的会员竟然监守自盗，偷走了一张珍贵的邮票。协会主席无奈，只好向警方报案。

警长保罗负责侦破此案。他立即封锁整幢大楼，不让任何人进出。根据现场的仔细调查分析，确定住在三楼308号房间的佛朗西斯嫌疑最大。

308号房间里很简单，只有一张桌子，一个床头柜，一张沙发，一个衣柜。桌上放着一台电风扇。瘦瘦的佛朗西斯一见警长保罗带着警察进来，马上打开电风扇开关，同时把床头柜、衣柜的门都打开，表现出自己是清白的样子。

保罗警长也不客气，把这个房间里的所有东西都翻了个遍，每一条缝隙都不放过，但是还是没能找到那张邮票。但是保罗发现，自己在进行搜查时，佛朗西斯的表情有点紧张，站在那台飞速旋转的电风扇前还不停地擦汗。保罗故意问："你很怕热吗?"佛朗西斯咧嘴一笑，点点头。

这一来，保罗心中更有数了，他知道佛朗西斯把邮票藏在哪儿了。

请问，邮票藏在哪里？保罗警长是怎样知道邮票藏在那儿的？

参考答案

才4月上旬，佛朗西斯就觉得热，那是心里紧张。佛朗西斯把偷来的邮票贴在风扇的叶片上，并打开风扇，使别人看不见邮票。

思维小故事

机敏的求救

一个海滨浴场，景色宜人。一架游览的小型飞机正在海滨上空飞行着。机上一共有4位游客，都是专门来阿姆斯特丹游玩的。飞机沿着海岸慢慢地飞行着，突然那个一上飞机就对风景不怎么感兴趣的穿白色西装的乘客，拿出一把枪打碎了飞机上的通信系统。然后用枪指着驾驶员的脑袋命令道："赶快把飞机飞到前面的那个小岛去!"

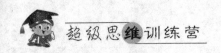

吓坏了的驾驶员名叫吉米，他知道飞机上遇到了劫匪，心中一阵慌

乱，手脚也不禁有些不听使唤了，飞机像巡逻兵飞行表演一样，在空中打着摆子玩着花样。

“蠢货，我不会杀你。只要你按我的指示，降落在那个小岛就是了。快让飞机正常飞行。快点，我可不想让我的子弹因为生气打穿你的脑袋。”穿白西装的乘客用枪敲着驾驶员吉米的脑袋说。

“好……好的，只要你不杀我，只要你不杀我。”驾驶员吉米结巴地说道。

很快飞机就正常飞行了，眼看着就要着陆了，穿白西装的乘客高兴地对吉米说：“朋友，你真是好样的，我不杀你，待会在你的腿上留点纪念就可以了。你看，我的朋友来接我了。我可不想在我的朋友面前展

现野蛮的一面。”

果然，小岛附近的海面上，露出一个像鲸似的黑影，划开一条白色的波纹，浮上来一艘潜水艇。小岛上站着荷枪实弹的海军陆战队士兵。

“哈哈，蠢货，放下你的枪吧。睁大你的狗眼，看看是谁的朋友来了。”驾驶员吉米大笑着说。

“噢。我明白你小子是怎么干的了。原来你刚才是故意装害怕的。”穿白西装的乘客绝望地叫道。

飞机一着陆他就被抓了。

你知道驾驶员吉米是如何求救的吗?

参考答案

驾驶员吉米假装害怕，借着手忙脚乱的假象在空中按照三角形的路线飞行。如果飞三角形，就是航空求救信号。基地雷达就会发现，并马上派出救生机紧急前往进行搜索。当飞机在飞行中通信系统出现故障时，就采用这种飞行方法求助。

智取耕牛

宋朝时，张允济担任武阳县县令。

一天，有个青年来到县衙前击鼓报案。衙役将这个青年带到县令大堂。

张允济看见堂下是一个朴实憨厚的农民，便问道：“因何事击鼓?”

“小人要告我的岳母。”

“说清楚你的理由。”

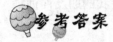

“小人名叫张和，以养牛种地为生。我的岳母曾向我借过一头公

牛，一头母牛，帮着犁地。前些时，这头母牛生下了几头小牛，我就去要，可我的岳母就是不还，并说牛是她的，从来没有向我借过牛。”

张允济听了，问张和：“当初你岳母找你借牛时，可曾写有字据？”

“没有！”张生答道。

“没有字据！”张允济有些为难地看了看眼前的这个青年人，忽然计上心头。

他让衙役蒙住张和的眼，又对其进行了化装，就是张和自己都认不出这是他自己。然后五花大绑地押着张和来到张生的岳母家。张和的岳母见来了不少人，便迎了出来。张允济走上前去，只几句话，张和的岳母便说道：“这些都是我女婿的牛，我正准备还他呢！”

张允济究竟对张和说了些什么？

参考答案

张允济说道：“我们抓捕了一个偷牛贼，正在挨家挨户地核对，好查清楚每家牛的来源。”

思维小故事

聪明的罗格

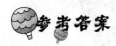

大侦探罗格一向聪明机智，善于解决各种疑难问题。有一次，警察从一个打入贩毒集团内部的警员那里得到一份极重要的情报，说那句 lio slles eh ssob si oegihS 上面写下了关键人物及要害事件。但警察局上上下下都看不懂这些莫名其妙的记号，又不可能向打入对方内部的警员询问。正当毫无进展之时，大侦探罗格前来警察局看望他的一个朋友，大家急忙向他请教。罗格稍加思索，便知道了这一重要情报的内容。

你能想出是怎么破译出来的吗？

参考答案

就是，把这些记号倒过来，即可用英文读出：“西克柯是老板，他出售石油。”

聪明的公差

唐朝的时候，有一对流浪汉解庆宾和解思安兄弟，因犯法被流放到扬州。弟弟解思安一次偶然的机会躲过看守的士兵逃走了，解庆宾怕看守追查，就冒认了城外的一具和自己弟弟有几分相似的死尸，谎称自己的弟弟被人杀了，就把尸首领回来安葬了。因为死者的相貌与解思安确实有点相像，所以所有人都分不清是真是假。

同时，解庆宾一不做，二不休，又向扬州府写信，诬告，说他弟弟曾经和看守士兵苏显甫和李盖有过节，怀疑是他们杀了自己的弟弟。扬州知府不问青红皂白，立刻对两名士兵进行严刑拷打，经不住皮肉之苦的苏显甫和李盖只得承认。马上扬州知府按照惯例将案了呈报到了上级主管淮南都督李崇。李崇看了案卷后觉得该案有问题，就指示扬州知府先不要判决，等他来杨州再次提审解庆宾。

两天后，有两个外地公差找到了解庆宾，对解庆宾说："我们兄弟俩是北边管理治安的人，在巡查时曾遇到一个人来投宿，夜里和他聊天时，发现他有点可疑。经过追问，他竟然说是从扬州流放地逃跑来的，名叫解思安。我们说要把他送交官府，他苦苦央求，说：'我有个哥哥解庆宾，现住在扬州相国城内，嫂嫂姓徐。您如果可怜我，请帮我报个信，说说我的处境。我哥哥知道后，一定会重重报答您的。'今天我们俩是来核对这件事的，如果他说了谎，找不到他哥哥，就把他送官府治罪。如果你真是他哥哥，并且愿意给我们一些好处，我们就放你弟弟；你如果不信，现在就可以跟我们去见他。"解庆宾听到弟弟解思安在外面又被抓住了，吃了一惊，马上按照他们说的去做，赶紧好好款待这二人，承认解思安是他弟弟，请这二人务必帮帮忙放了他弟弟，并且他愿意送些钱给这二人作为酬谢。那二人答应了，拿着钱就高高兴兴地走了。

第二天，李崇让扬州知府把解庆宾带来一审，解庆宾当即就招了供，把所有的事实都说了出来。

李崇是如何侦破这个案件的呢?

参考答案

那两个去找解庆宾的外地人是李崇秘密派去的。他们装扮成外地的公差，预先套取了解思安的口供。

放长线钓大鱼

明朝的郓州城内有一家很大的当铺，自开张起因为信誉非常好，整日生意兴隆，客人络绎不绝。

一天中午，天气炎热，街上的行人非常稀少。当铺内的伙计闲在店里，都在柜台内耷拉着眼皮昏昏闭目养神。突然，一位穿着华丽服装的年轻人走进了当铺。他来到柜台前，从兜里取出两个明晃晃的大银元宝放在了柜台上，很傲气地说道："伙计，我来当银子!"

正在闭目养神的伙计听到说话声，连忙睁开眼，一看柜台上的大银元宝，不禁吓了一跳。还未等他说话，那个年轻人又开口了："我听说你们这个当铺是这座城里最大又最有信誉的当铺，我现在急需现钱，不知可否用这两个银元宝兑付些现钱，几日后我再来赎回。"

伙计听罢连连说："可以兑，当然可以。"一边说着一边用手抓起了银元宝一掂，心中暗自称奇：好大的分量呀，最少可当10万钱。这么大的生意他一个伙计可做不了主，于是把老板请了出来，让老板亲自处理。

老板一见，二话没说便马上答应了。随后，他让伙计将两锭大银元宝在称上称了一下，果然价值 20 万钱。依照当铺的规矩，随即开出了当票，并兑付了 10 万钱。

年轻人拿到钱后便道了谢扬长而去，临出门时，留下了一句话：“10 天后我来赎银元宝。”

做成了这样一笔生意，老板非常高兴，回到后房，就跟老板娘讲了一遍。老板娘有些好奇，就来到了店里要好好看一看这两个大银元宝。可她手一滑，一个大银元宝“啪”的一声掉到了地上。一旁的伙计捡起一瞧，发现银元宝表面脱落了一块，里面黑糊糊的根本不是银子。伙计急忙告诉了老板，马上，老板就来到了郓州府衙报了案。

郓州府衙的主帅是这一带赫赫有名的清官，名叫慕荣彦。听了老板的报案，思索了一会儿，便让老板回去了，并告诉老板近几天就会破案，请他放心。果然，几天后，这个骗子就被抓住了。

慕荣彦是通过什么手段抓住骗子的呢?

参考答案

慕荣彦让衙役在街头贴了一张布告，上面写道：本城的一个当铺近日被盗。很多值钱的抵押品都被偷走。现在府衙想请城内每个人协助捕盗，发现可疑之人立刻告官。几天后，那个当假银子的青年见到了这张布告，心中一想：当铺被盗，那当铺的假银宝丢了就无证可对了，我现在就去兑付，当铺如果拿不出银元宝，就得原价赔偿我。于是，他打着自己的如意算盘来到了当铺，准备狠狠地敲当铺一笔钱。可他一到当铺就被老板和伙计抓了个正着。慕荣彦轻松地用妙计就破了案。

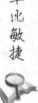

思维小故事

常客的人数

一天，警察例行检查，语气十分不客气，于是商店服务小姐在回答“光顾商店的常客人数”时，这样回答：“这里的常客，有一半是事业有成的中年男性，另外1/4是年轻上班族，1/7是在校的学生，1/12是

警察，剩下的 4 个则是住在附近的老太太。”

请问问，服务小姐所谓的常客究竟有多少人呢？

参考答案

168 人。

假设常客的人数为 x 人，可列出以下公式：

$$x = x/2 + x/4 + x/7 + x/12 + 4$$

$$x = 168$$

隔桶有耳

宋朝仁宗年间，河南洛阳城外有个姓李的人家。因发生水灾，李家弟兄在走投无路之时便把破衣裳、旧棉被装进一只木桶里，两人抬着到外地谋生去了。

李家弟兄俩在外面辛辛苦苦干了几年，总算挣了 60 两银子。买了许多衣服，他们把银子裹进衣服里，然后装在木桶中，用盖子盖严，抬着木桶踏上了回老家的路。

这天，弟兄俩走到广安县，此时天色已晚，他们便住进广安县城的一家小客栈。到半夜，弟弟忽然肚子疼，哥哥就背着他到处找郎中看病，临走之时匆忙锁上了自己房间的门。

快天亮时，弟兄俩才回到客栈，想拿出银子付郎中医药费。但是回来时发现，木桶竟然被人翻过，藏在衣服里的 60 两银子也不见了。这间客房，只有店老板和老板娘来过，不是他们偷的，还会有谁？可客栈的老板和老板娘说绝对不是他们干的，还说是这弟兄俩存心敲诈。双方争论不休，就来到县衙打官司。

当时，包拯任广安县县令。他叫人把那木桶抬到后院。他围着大木桶转了转，然后附着一个当差的耳朵说了几句话，又回到了大堂上。

包拯在大堂上对店老板和老板娘说："据本官推测，是他们兄弟诬赖你夫妇二人，现在将那只大木桶判给你们，快到后院去抬回家吧！"

一会儿，店老板和老板娘又被衙役押了回来，包拯把银子还给了弟兄俩，还重重责罚了那对贪心的夫妇。请问，包拯是怎样找到证据的呢？

参考答案

店老板和老板娘一听，包拯让他们俩抬走木桶，便高兴地抬起那盖得严严实实的大木桶就往家走。走到半路，店老板回过头，见四下里没人，笑嘻嘻地说："咱们拿了他们60两银子，还得了这一大木桶衣物，真是发财啦！"

两人正说得高兴，忽然呼啦一声，木桶上的盖子掀开了，从里面跳出一个衙役，对他俩说："你们的话我都听到了，现在回衙门去听候处理吧！"

就这样，包拯略施小计，就取得了口供和证据，责罚了这对贪心的夫妇。

把铁锅奖给他之后

一天上午，包拯在府里批阅案卷，忽然听到外面有人在争吵，一个男的喊道："我没有偷锅，我是冤枉的，快放开我！"另一个沙哑的嗓音说："你偷没偷锅，请包大人审问就知道了！包大人会为我做主的。"

包拯放下笔，起身来到门口，看到两个男子正拉扯在一起。一个高个儿提着一只大铁锅，另外一个却是残疾人，不仅少了一只胳膊，脚还一瘸一瘸的。高个儿先对包大人说：“小人是卖铁锅的小商人。院子里有很多即将出售的铁锅，可是最近发现铁锅老是丢失，估计有人来偷。昨天夜里我就一宿没睡，在院子里等着抓小偷。很晚的时候，果然看到这个家伙来我家院子偷锅，然后就把他抓住了。敬请老爷严惩这个小偷！”

还没等包拯发问，那独臂跛子喊起了冤枉：“冤枉哪大人！我只是半夜起来上茅房，他却一把抓住我，说我偷了他家的什么铁锅。您看我缺手断脚的一个残疾人，怎么背得动这么大的一口铁锅呀？分明是他诬陷小人，还请老爷为小人做主啊！”

包拯听了他的话，点点头说：“你说得很有道理，本官也认为是商人诬告你。本官决定，把这只大铁锅奖励你！”

商人一听，气呼呼地说：“老白姓都说包大人公正廉明，可是您就这么……”还没等他说完，独臂跛子就已等不及了，兴奋地拿了铁锅，飞快地奔了出去。还没等他跨出门槛呢，包拯就大喝一声：“偷锅的窃贼，你往哪里走！”马上衙差们就将这个偷锅的贼抓住了。

包拯为什么先是说偷锅贼是被诬告的，后来又说他是窃贼呢？

参考答案

偷锅贼说自己无法背走铁锅，包拯就故意把铁锅奖给他。偷锅的贼一时激动不知道是计，马上熟练地按照之前的偷锅经验把铁锅背在身上就走，自己揭穿了他拿不走锅的谎话，暴露了窃贼的身份。

第三章　脑筋转起来

妙计脱离火灾

日本人很喜欢住木房子。在一间木屋内，住着两个好朋友，一个叫木村，一个叫阿里。木村是个瘫痪的人，阿里双目失明。因为这两人自幼就是好朋友，所以直到现在还住在一起。

那是一年秋天，附近的木房子发生了火灾。当时是秋天，气候很干燥，风又特别大，转眼就是一片火海。邻居们都慌了手脚，只顾各自逃走，忘记了木村和阿里。但他们俩知道发生了火灾，也很紧张，不知该怎么办是好。

突然，木村想出一个妙法，能够使他们离开火灾区，而且终于成功了。你能知道木村想的什么方法吗?

参考答案

方法是，阿里背着木村逃走，而由木村指路。

思维小故事

吹牛老王

老王是个喜欢吹牛的人，和别人闲聊时总是吹牛，因此，朋友们虽然不相信他所说的话，但是经常苦于没有证据指出他是在说谎话。

一天，他又和朋友们聊天，有人谈到一些关于美洲的情况，王先生张口便说：

“我在美洲旅游时，还射死过好几只老虎。”

朋友们一听见老王这样说，便都哄堂大笑，其中一个朋友指着老王说：“你真不愧是吹牛大王。”

那么，老王说错了些什么话，会让朋友们识破了，发现他没有去过美洲呢？

参考答案

原因是美洲根本就没有老虎。

慧眼识画

有一天，有人拿来一幅画给一位著名的艺术收藏家看。那是一幅圆桌武士比武的图画，看起来很古老，有些地方还有虫蛀的痕迹。图上画的是4个武士正从自己的剑鞘中拔出剑来准备战斗，其中第一个武士的剑的形状是直的，第二个武士的剑是弯的，第三个武士的剑是波浪形的，第四个武士的剑是螺旋形的。稍稍看几眼，收藏家就断定这幅画是假的。

请问，你知道他是怎么判断的吗？

参考答案

中古时期的绘画作品都是写实的，而这幅画中后3个武士的剑根本拔不出鞘来，所以是伪作。

思维小故事

画中谜底

唐伯虎在杭州游人很多的西子湖畔挂了一幅自己画的画。画中是一只黑毛大狗，画的旁边有一说明：此画是谜语画，有买者需付银30两。如果有人猜中一文不取，白送此画。此画一挂出，有许多游客前来围

观，人们七嘴八舌地说起来，可猜了半天没一人猜中。此时，来了个手拿纸扇的才子，欣赏了一番后，没说一句话，取下画转身就走。人们看到这一行动都十分惊讶；唐伯虎赶忙上前问道："你是要买这张画吗?"才子摇摇头。"那你猜中这幅画的谜底了吗?"秀才点点头。唐伯虎说道："请你说出谜底是什么?"秀才却还是不吭声。

唐伯虎笑笑，又连问秀才几遍，秀才仍然不回答，拿着画自顾走了。唐伯虎望着秀才的背影哈哈一笑："猜中了！猜中了!"说完，也扬长而去。

请问，这张画的谜底是什么字？才子为什么一声不响呢？

参考答案

狗又称犬，这张画打一"默"字。才子不说话意为默不出声，故为猜中。

聪明的律师

亚瑟气急败坏地来找律师，诉说一件棘手的事情：

"我家有个花匠叫阿根，3 天前他跑到我的办公室，边点头哈腰，边傻笑着公然向我索取 10 万美元。他自称在修剪家父书房外的花园时，拾到一份家父丢弃的遗嘱，上面指定我在新西兰的叔叔为全部财产的唯一继承人。这消息对我来说犹如五雷轰顶。父亲和我在 11 月份的某一天，曾因我未婚妻珍妮的事发生过激烈争吵。父亲反对这门婚事，有可能取消我的继承权。阿根声称他持有这第二份遗嘱。这份遗嘱比他所索取的更有价值。但因为这份遗嘱的签署日期是 11 月 30 日夜 1 点。比已生效的遗嘱晚几个小时，所以它将会得到法律的承认。我拒绝了他的敲诈，于是他缠着我讨价还价。先是要5万，后来又降到2万。律师，这该如何处理此事呢？”

“我说，你应该一毛不拔。”律师说。

那么，你知道律师为什么这样说吗？

参考答案

遗嘱不可能签署于11月30日夜1点，因为11月只有30天。阿根是伪造遗嘱进行讹诈。

蜘蛛吐丝

一年冬天，拿破仑的法兰西军队排列整齐，开始向荷兰的重镇进发。荷兰的军队打开了所有水闸，使法兰西军队前进的道路被滔滔大水淹没，拿破仑立即下令军队向后撤退。正在大家感到焦虑的时候，拿破仑看到了一只蜘蛛正在吐丝，拿破仑果断地命令部队停止撤退，就在原地做饭，操练队伍。两天过去后，漫天的洪水并没席卷而来。后来法兰西军队在拿破仑的带领下，将荷兰的重镇攻破了。

你知道是什么使拿破仑改变了撤退的主意，并取得最后的胜利吗？

参考答案

蜘蛛吐丝是寒潮来临的信号。这时，法兰西的军队就不用害怕荷兰的水闸放水了，因为水都结成冰了。

思维小故事

丽萨的妙计

在一幢住宅之中，一男一女正在激烈地争吵。男的名叫维克，是一个逃犯，女的叫丽萨，原来是维克的女朋友。

后来因为维克不务正业，丽萨已经与他分手。维克刚从监狱里跑出

来，他需要钱，因此就来找丽萨勒索钱财。

“维克，我不怕你！”丽萨说，“只要我一喊，邻居们就会赶来把你送到警察局。”“你如果敢喊邻居，我就先杀死你。”维克恐吓地说，并抽出一把匕首。

丽萨无奈，终于把所有钱都拿出来。她对维克说：“现在钱已经到你手了，我没你力气大，又不敢喊，你可以放心地走了。不过，走之前你能陪我喝一杯酒吗？”她到厨房里倒了一杯酒，加了冰，递给维克。维克怕丽萨在酒里下毒，不想喝这杯酒。

丽萨说：“你放心好了，我先喝一口。”她果然先喝了一口。

维克看丽萨喝了没事儿，胆子大了，他接过酒来一饮而尽。

但是，他马上觉得头重脚轻，原来丽萨下了烈性麻醉药，他立刻昏倒在地。

丽萨马上报警，把维克拘捕起来。

丽萨把麻醉药放在什么地方，才可以不把自己麻醉倒，而又使对方中计呢？

参考答案

丽萨把麻醉药品涂在酒杯的一边，自己用的是没有麻药的一边，而交给对方时正好是酒杯的另一边，因此，维克就被麻醉倒了。

县令查案

从前，有一个叫张大力的恶棍，经常惹是生非，打架作恶，连县令也不敢管他。

一天，他又把一个叫柳生的人打了。柳生告到了县衙。恰巧这时前任县令因贪污被革职了，新任县令李南公受理此案。他查明情况后，派人把张大力抓到县衙，重责 40 大板，并罚他给柳生 20 两银子作为赔偿。

张大力回到家里后，气得几天吃不下饭。他从没受过这个气，发狠心要报仇。

这天，他把心腹申会叫到跟前，商量怎样去报仇。申会鬼点子很多，只见他的鼠眼转了几转，便想出了一个坏主意。他对张大力一说，张大力脸上露出了阴险的笑容。

几天后，张大力又找茬把柳生打了。这次比上次打得更重，柳生身上青一块，紫一块，痛苦不堪。他被人搀扶着又来到县衙告状。

李南公听柳生哭诉了被打的经过后，不禁大怒，命人立即把张大力抓来。

不一会儿，张大力来了，但不是被抓来的，而是被抬来的。只见他哼哼呀呀，在担架上疼得乱滚。

李南公上前一看，不禁一怔。只见张大力身上的伤比柳生还重，浑身也是青一块，紫一块，几乎没有一块好地方。

这是怎么回事呢？但是李南公沉思了一会儿，终于想出了一个办法。他走到柳生跟前，轻轻摸了摸伤处，又走到张大力跟前，也轻轻摸了摸伤处，然后说道：

“大胆张大力，今日作恶不算，还想蒙骗本官，给我再打 40 大板。”

于是，张大力又挨了 40 大板。打完后，李南公又问道：“还不从实招来。”

“我说，我说……”张大力怕再挨打，只得如实交代了假造伤痕的经过。

原来，南方有一种椐柳树，用这种树的叶子涂擦皮肤，皮肤就会出现青红的颜色，特别像殴打的伤痕。若是剥下树皮横放在身上，然后再用火烧热烫烫皮肤，就会出现和棒伤一样的痕迹。这些假造的伤痕和真伤十分相像，就是用水洗都洗不掉。那天，申会给张大力出的就是这个主意。他们把柳生打伤后，急忙回家用椐柳树的叶和皮假造了伤痕。

李南公是怎样检验出张大力假造伤痕的呢？

参考答案

因为殴打致伤，血液聚集，所以伤处发硬；而伪装的伤痕则和好的肌肤一样，是松软的。李南公就是根据这个常识验明真伤还是假伤的。

贼喊捉贼

1 月中旬，苏格兰正是冰天雪地的冬天。全国各地的许多游客专程来到这里欣赏大雪纷飞的景色，并且到滑雪场尽情地滑雪，在冰上嬉戏。福尔摩斯和华生也来到滑雪场附近的朋友家里。他们白天外出去滑雪，晚上在家看书聊天，准备在这里度过一个惬意的冬天。

一天晚饭过后，福尔摩斯和华生到屋外散步。外面一片白茫茫的，长筒皮靴子踩在积雪上，发出“吱吱”的声响，四周一片寂静，简直就像童话里描述的一般。当他们转过一片小树丛的时候，忽然从树丛后面跳出一个身穿黑色大衣的男子。他全身上下湿漉漉的，在寒风中冻得瑟瑟发抖。看到福尔摩斯和华生两人，便大叫起来：“来人呐，有人落水了，你们快来帮忙救人啊！”

“怎么回事？”热心的华生连忙跑过去问他，“谁落水了？在哪里？”

那个男人对华生说：“我和我的朋友出来散步看雪景，我们从结冰的湖面上走，一块薄冰忽然裂开，我的朋友掉了下去。天啊！我没有拉住他，随后我跳下水去，但是还是没有找到他，只好跑来找人求救，好心人我们快去救他吧！”

福尔摩斯和华生二话不说，立刻和那个男人一起向湖边跑去。他们穿过树丛，在冰面上艰难跋涉。在这寒冷的冬天，那个男人的黑色大衣都结冰了，福尔摩斯看他可怜连忙把自己的大衣脱下来给他穿上。

半小时以后，他们终于到达了发生事故的地方。由于大雪不止且天气十分寒冷，破裂的冰层上已经结了一层薄冰。经过半个小时的时间，看来里面的人已经活不成了。“约翰，我的朋友，我来晚了！”那个男人也不管天气寒冷，一下扑倒在地，伤心地哭起来。

福尔摩斯拉住他说：“朋友，你这出戏倒是演得不错，可惜还是留下了破绽。”

华生有点奇怪地问道：“现在死者还没有被打捞上来，冰层破裂的地方也完全是自然形成的，不像人工切割的样子，你怎么判断他在说谎呢？”

福尔摩斯微笑着说：“不错，冰层的确是自然破裂的，但这并不能说明他的朋友是失足掉下去的。根据我的判断，很可能是被他杀害以后，扔到湖里去的！”

杀人犯在哪里露出了破绽？

参考答案

男人身上湿漉漉的。而事发地距他出现的地方有半小时路程，他全身应冻得结冰才对。他的朋友是他杀害后再推下冰河的。

思维小故事

中毒疑案

有一对老年夫妇，被人发现死在的住宅之中，死因是一氧化碳中毒。原因是他们的房间不大，只在临街处留有一扇小窗，因此用不了多少一氧化碳就可以使人毙命。

死者的邻居甲说道："他俩平日很早起床，今天早上9点时仍不见他们出来，我觉得奇怪，就从窗户向里一看，那时他们已经死在屋内。"

煤气公司的人说："房间虽然有煤气管道，但并没有开启，而且经检查没有漏气的地方。不清楚他们怎么会吸入毒气的。"

邻居乙说："昨天深夜，我曾听到汽车引擎响了好长时间，可能是有人在人行道上修车。"

警方因此很快就查明他们是死于谋杀，凶手用一种奇特的方法把他们杀死。你知道是什么方法吗？

参考答案

凶手把汽车排出的废气从临街的小窗中引入室内，废气中含有一氧化碳，夫妇二人因而中毒死亡。

枪究竟在哪儿

一天晚上，没有月亮，伸手不见五指。这天由警士木村值班巡逻。他正骑着自行车沿着河边走，突然，从下游大约80米处的桥上传来一声枪响。木村马上蹬车朝桥上飞奔而去。他一上桥便见到桥上正躺着一个女人，旁边有一个男的站着，那个男的看见木村来了拔腿便逃。与此同时，木村听到"扑通"一声，像是什么东西掉进了河里。

木村骑车追上去，用车撞倒那个男的，给他铐上了手铐，然后又回到躺在桥上的女人身旁。

回来木村一看现场，发现死者左胸中了一枪，已经死了。

"这个女的是谁？"

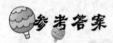

"不知道！我听到枪声就跑了过来。一上桥就见一个女的躺在那儿，吓了我一跳。一定是凶手从河对岸开的枪。"

"撒谎！她是在近距离内被打中的，左胸部还有火药黑色的焦煳痕迹。这就是证据。枪响时只有你在桥上，你就是凶手。"

"哼，你怀疑我的话，就搜我的身好了，我可没有枪。"

那男的争辩着。木村仔细地搜了他的身，果然没有发现手枪，桥上所有地方都翻遍了也未发现手枪。这是座吊桥，长 30 米，宽 5 米，罪犯在那么短的时间内是无法将手枪藏到其他地方的。

"那是扔到河里了吗？我来的时候听到什么东西掉进水里了。""哈哈，那是我在逃跑时木屐的带子断了没法跑，就将它扔到河里了，不信你瞧！"那男的抬起左脚对木村警士笑着说。

果真他的左脚是光着的，只有右脚穿着一种四方形的大木屐。无奈，木村只好先将他作为嫌疑犯带进附近的警察局，用电话向总署通报了今晚的情况。

刑警立即赶来对现场进行了勘查取证，并于翌日清晨，以桥为中心，在河的上游和下游各 100 米的范围内进行了搜查。

河深 1.5 米左右，流速也并不很快，所以枪若扔到了河里，流不多远就会沉到河底的。然而，尽管连电动探测器都用上了，将搜查范围的河底也彻底地找了一遍，但始终未发现手枪的踪迹。

同时石蜡测验结果表明，这个嫌疑犯确实使用过手枪。他的右手沾有火药的微粒，是手枪射击后火药的渣滓变成细小的颗粒沾在手上的。还有，据尸体内取出的弹头推定，凶器是一把双口径的小型手枪。

最后经过仔细调查才发现手枪已漂流到离桥很远的下游。恰巧那天夜里没有月亮，夜色漆黑，木村自然没看见手枪在河面上漂走的情形。

那么，凶手在桥上射死了女子后，究竟怎样将手枪藏到那么远的下游的呢？

参考答案

罪犯用结实的纸绳将手枪绑到木屐上扔到河中。这样一来，木屐就代替了浮袋，小型手枪也就不会沉到河底，而是顺水漂向下游。

谁是逃犯

深秋，午夜过后，刑警竹内在空无人迹的住宅区内巡逻。突然，一个男子从胡同里窜了出来，差一点和他撞个满怀。幸亏竹内躲闪得快，但那男子带的手提皮包碰到了竹内的腰，掉到了地上。

那男子迅速拾起皮包，像兔子一样跑掉了。因为天黑，竹内没看清面孔，只记得是个戴着墨镜、留着大胡子的家伙。竹内刑警觉得可疑，想追上去询问，但那家伙跑得实在是太快了，一会儿就钻进了150米以外的一幢楼房里。

紧接着，胡同里传来了慌乱的脚步声，又有一个男子跑了出来，见到竹内忙气喘嘘嘘地问道："您好！请问刚才那家伙，往哪儿跑了？"

"那边儿。"竹内刑警指给他。

"先生，请稍等一下，我是警察，到底发生了什么事？"一边说着一边掏出警察证件给他看。

"遇上警察可太好了，请马上帮我抓住那个人。那家伙是抢劫我出租车的强盗。他快下车的时候，突然狠狠地打了一下我的头部，抢走了我的所有现金然后逃跑了。"说着出租车司机痛苦地用手捂着头后部。

于是，竹内和出租车司机一起朝罪犯钻进去的那幢楼房奔去。

那幢楼房一楼是仓库，紧闭着卷帘门窗，楼两侧有楼梯，上了二楼之后发现二楼只有两个房间。两人初步认定罪犯一定躲藏在其中的一个房间里。

竹内和出租车司机看了看，第一个门牌上写着“山本正夫”。竹内刑警在敲门之前问司机：“你能一下子就认出罪犯的脸吗?”

“不太有把握。因为他戴着墨镜，又留着胡子。但他肯定有一个手提皮包，其他的就记不清了。没想到他会是强盗，上车时我没怎么注意……”

敲门后好一会儿门才开。一个青年露出头来。司机认真地看着那青年的脸。“下巴上没有胡子，好像不是这个人。”司机毫无信心地摇了摇头。

竹内出示了警察证件后，问这个年轻人：“你是山本吧。今天晚上你一直在家里待着吗?”

“是的，3 个小时前我就开始听立体声唱机了。”

“可是，一点儿声音也没听见啊。”

“我是戴着耳机听的。”山本极不耐烦。

“刚才有个抢劫犯逃进这座楼房，我们正在追寻他。”

“难道你认为我是那个强盗吗?”

“并没有断定就是你。但为慎重起见，请让我们看看你的房间，希望你配合我们的工作。”竹内刑警不容分说便进了房间。这是个一间一套的房子。在 8 个铺席搭的房里摆着一套音响，插着耳机。竹内把耳机拿起听了听，耳机里正响着雄壮的交响曲，震得耳朵都疼。

“啊，就是这个手提皮包。”司机一眼看见了放在房间角落里的手提皮包，上去就打开了皮包查看。里面塞满了脏衣服、易拉罐啤酒、方便面和书籍等。

“那是昨天我的一个朋友忘在这儿的。拿一罐啤酒喝吧。”山本说着便取出一罐啤酒拉开盖，啤酒沫一下子喷得他满脸都是，他不由得怪叫了一声，赶紧掏出手帕擦脸。司机笑着看着他，又发现立体音响上放着墨镜。

“你把这个戴上给我看看。”竹内拿起墨镜让山本戴上，司机在一旁认真地看着他。

“倒是很像，但他没有大胡子，还是不能肯定呀。”他很遗憾地说。

“你们可不要随便怀疑人呀，我从三个小时前就一直在听贝多芬的曲子！”山本生气地摘下墨镜，“要是你们怀疑我，倒不如去查查住隔壁房间那个叫菊地的人，那家伙更可疑。”

竹内和司机于是离开，去了隔壁。敲门后等了一阵子门才开。一个穿着睡衣的男子睡眼惺忪地出来开了门。“哎，这个也没留胡子呀，真怪。”司机看着伸出来的那张脸，很失望。

“到底有什么事？深更半夜的……”菊地没好气地说。

竹内给他看过警察证件后，问道：“你是几点睡的觉？”

“现在几点钟了？”

“凌晨1点多。”

“大概是4小时之前，究竟有什么事？”

“我们在找抢劫出租车的强盗。请让我们进房间里看看。”

“别开玩笑了，人家睡得好好的被你们吵起来，要找什么抢劫出租车的强盗，你们有搜查证吗？”

“要是这样，没办法，请和我们到警察署走一趟吧。”竹内故弄玄虚地这么一说。

“那就随你们的便吧。”菊地很不情愿地把他俩让进屋里。

这也是一间一套的房子。房子里到处是画架、画布，连个下脚的地方也没有。司机见在床下有个手提皮包，打开看了看，里面是画具和几罐橘汁。

竹内还拉开壁橱的门查看过，没人藏着。菊地冷淡地瞧着他们在屋子里搜查。

“多亏了你们，我连一点儿睡意也没了。”他说着，还打开一罐橘汁喝了起来。

竹内发现在厨房餐桌的盘子里剩有两片苹果，已经去了皮，核儿也已取掉，但苹果却没变色。

“你的这个苹果是什么时候吃过的?”竹内问道。

“睡前。”

“那样的话，苹果不是会变色吗?实际上你一定是刚刚逃回来，为了掩饰，才赶紧削了个苹果的吧?”

“你们如此怀疑我，不如亲口尝尝试试看。”菊地怄气地说。

为慎重起见，竹内拿起一片尝了尝，味道不错。

“走，我知道谁是抢劫犯了。”竹内刑警说得如此果断，倒让司机吃了一惊。

到底谁是罪犯呢?

参考答案

是山本，只有经过激烈震荡的啤酒才会有很多泡沫，显然是山本刚才在跑。

思维小故事

疑　案

在一个很热的夜晚，上海某大厦发生了一起凶杀案。

一位中学教师被杀死在家里。当时，他上身赤裸，躺在门厅的地板上。

警察经过调查，发现死者是被勒死的。在进一步的调查后，警方认为两个人有谋杀的嫌疑。

一个是死者的弟弟，他是个不求上进的坏孩子，染上毒瘾，经常向他哥哥要钱，两兄弟也常因此发生争吵。

另一个是死者班上一个被开除的学生的家长。这位家长脾气很差，因为儿子被开除而很不高兴，并说要打死死者。

依据现场情况，警方判断案情可能是这样：当死者听到门铃，从猫眼中看到来找他的人，于是开门，结果，却遭到突然袭击而死亡。

你觉得哪个人可能是凶手呢？

参考答案

因为死者上身赤裸，凶手和他一定十分熟悉。所以凶手是死者的弟弟。如果是学生家长的话，死者出于礼貌，一定会穿上衣服，不会赤裸上身。

颜色不同的鹅屎

永嘉县丁知县，料事如神，为百姓解决了很多冤案，深受当地百姓爱戴。

一日，丁知县坐在大堂批阅诉状，突然门口传来一阵争吵声。他抬头一看，见一个书生和一个乡下人拼死命争夺着一只大白鹅，边骂边走进公堂来。

丁知县喝问道："你们二人究竟为何在此大吵大闹？"

那书生抢先说："丁大人，我家住在东城头。我每天早上都拿米糠在门口喂鹅。可是今天这个乡下佬趁我转身进屋的时候，偷走我的大白鹅。他被我逮住了，可还不肯还我。请老爷为小民做主。"

丁知县问乡下人："书生说你偷了他的鹅，你有什么要说的吗？"

乡下人涨红着脸，气呼呼地说："老爷，这只鹅明明是我从楠溪江带到城里想给我老丈人的。我刚上岸，这无赖就过来，硬逼我把鹅卖给他。我说不卖，他竟然动手抢，还诬告我偷他的鹅。小人讲的句句是真话，求老爷为小民做主。"

丁知县问他们有没有旁人可以作证。两人都说没有。

"没有？"丁知县想了想说，"既然没有旁人作证，那就叫鹅自己讲吧！"他叫差役拿来一张大白纸，摊在大堂上，把鹅放在纸上，盖上箩筐，吩咐两人在旁等候公断。

一会儿，鹅在箩筐下面扑腾了几下翅膀。丁知县听见响声，忙叫差役揭开箩筐，看看鹅到底画了什么字。

差役不懂得丁知县说话的意思，揭开箩筐看了一看，就禀告说："鹅什么字也没画呀，只拉了一堆屎。"

丁知县皱起眉头，说道："你们当差多年了，还真糊涂，快再去仔细看来。"

差役不敢怠慢，捂住鼻子，凑近鹅屎细细辨认。看了半日，还是没看出名堂来，只好硬着头皮回禀丁知县说："老爷，纸上只有一堆青绿色的鹅屎，奴才实在看不出有什么字。"

丁知县听了点点头，就叫两人上堂听判。他指着大白鹅对乡下人说："鹅自己招认是你的，你把它带走。"

参考答案

鹅是边吃边拉的，乡下人拔青草喂鹅，它拉的屎是绿色的；如果用米糠喂，它拉的屎是黄色的，所以这只鹅是乡下人的。

张县令的智慧

县令张佳胤正在堂前批阅公文，忽然闯入一胖一瘦两个锦衣卫使者。当时锦衣卫权力极大，从京城径直来到县里，定有机密大事。张县令不敢怠慢，忙起座相迎。

使者说："有要事，暂且屏退左右，至后堂相商。"

到了后堂，锦衣卫使者卸了装，竟然是强盗！他们威逼张县令交出库金一万两黄金。事出突然，令张大人猝不及防，但张县令临危不乱。

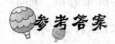

他对强盗说："张某并非不识时务者，绝不会重财轻生，但万两黄金实难凑齐，你看5000两如何？"

"好，数目就依你，但必须快。"

张县令说："这事若相商不成，不是鱼死，就是网破。但既已相商成功，你我利益一致，你们嫌慢，我也着急啊！事情一旦泄露，你们可一逃了之，可我职责攸关，绝无逃跑的可能。所以，不能操之过急，此事要办得周全一些。"

强盗问道："依你之计呢？"

张县令胸有成竹地说："白天人多，不如晚上行事方便，动用库金要涉及很多人员，不如以我名义先向地方绅士筹借，以后再取出库金分期归还，这才是两全之策。"

强盗觉得县令毕竟久经官场，既为自己考虑，又为他人着想，所提办法确实比较妥善，就当场要他筹办借款之事。

张县令列出了一份名单，指定某人借金多少，共有9名绅士，共借黄金5000两，限于今晚交齐，单子开好后随即让两个强盗过目。接着他对两个强盗说："请两位准备一下，我要传小厮进来去向人借款。"

两个强盗心想，这个县令真好说话，想得又周到，要不是他及时提醒，岂不要被来人看出破绽，于是就越加信任县令。

不一会儿，县令的心腹小厮被传了进来。

县令板着脸说："两位锦衣使奉命前来提取金子，你快按单向众位绅士借取。快去快回。"

小厮拿了单子去借款，果然办事利落迅速，没多久，就带了9名绅士将金子送来。他们为了不走漏风声，将金锭裹入厚纸内。然而等揭开纸张，里面竟是刀剑等兵刃，他们还没等两个强盗反应过来，直扑两名强盗，将两人绑了起来。

这究竟是怎么一回事呢？你知道张县令是怎么安排的吗？

参考答案

张县令开列的“绅士”名单原来是本县的9个捕快名字。强盗是外来的，当然不认识，而小厮一看就明。捕快结伴而来，擒获了强盗。

思维小故事

奇怪的灯泡

一个凉爽的傍晚，侦探拉尔小姐来到和她约好的安莉家中吃晚饭。佣人先招呼她在客厅坐下，然后上楼去通报，没到一分钟，二楼突然传

来惊叫声，仆人慌张地出现在楼梯口，喊道：“不好了，安莉小姐遇害了！”

拉尔听了，立即跑上去与佣人撞开书房的门，书房里没有开灯，月光透过窗户射了进来，书桌上放有一盏台灯。

佣人对拉尔说：“我刚敲门，里面没人应答，门从里面反锁着。我从锁孔往里一瞧，灯光下只见小姐趴在桌上一动不动。突然，房中漆黑一片，我猜一定是凶手关了灯逃跑了。”

拉尔用手摸了摸灯泡，发觉灯泡是冰凉的，她迟疑了一下，打开灯，只见安莉头部被人重击，死在书桌旁。

拉尔问佣人：“你从锁孔看时，书房的灯泡是亮着的吗？”

佣人回答说：“是的。”

“不是！你说谎，凶手就是你！”拉尔说着，给佣人铐上了手铐。

那么，拉尔怎么知道佣人就是凶手呢？

参考答案

因为仆人说从锁孔中窥看时电灯突然关闭，而她们两人破门而入不超过两分钟，加上夏季气温较高，灯泡应该还是热的才对。证据就是那只冰凉的灯泡。

私宰耕牛罪

在天长县住着一个叫李大柱的青年农民。他身强力壮而勤劳，日子蒸蒸日上，不但添了一头肥壮的耕牛，而且还翻盖了一间草房。

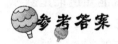

李大柱家的对门，住着一户姓金的农民。主人金兆来是村里有名的酒鬼。一年到头打下来的那点粮食都被他卖钱买酒喝了。家里老婆孩子五六张嘴，每天只能是吃草根，吞树皮，东讨西要。每当秋收的时候，当他看见李大柱把成车的粮食拉回家里时，金兆来心里既羡慕又嫉妒。

眼下正是春耕时节，农民们都下地了。唯有金兆来没有下地，而是独自一人在屋里喝着闷酒。他想：我和李大柱前后院住着，凭什么他比我富有？不行，得想个法子治治他。他寻思了好一会儿，终于想出了一个办法。

当天晚上，金兆来悄悄地来到了李大柱家的牛棚前，抓起一把青草假装喂牛，伸到了耕牛的嘴边。耕牛以为是主人来喂自己，马上伸出舌头去吃草。这时，金兆来手起刀落，耕牛的舌头便被割掉了。耕牛疼得直叫，金兆来急忙逃窜了。

李大柱听见屋外耕牛叫唤不停，忙出去察看。来到牛棚，吃惊地发现耕牛满嘴是血，再一细看，发现耕牛的舌头已经被人割掉了一半。

他马上气呼呼地来到了县衙告状。县令包公听了李大柱的述说后，对李大柱说："这好办，你只要回去把耕牛杀了，我就能知道谁是割掉了耕牛舌头的凶手。"

"把耕牛杀了？"李大柱听了包公的话，不禁瞪大了眼睛惊愕地问道。

"对，要杀死吃肉，而且要让村里的人都知道，但不要说是我的主意。"包公说完退堂了。

李大柱虽然没弄明白怎么回事，但是还是听了包大人的话。当天，他就把耕牛杀了，并邀乡亲们一起来吃牛肉。

第二天，那个割掉耕牛舌头的人果然自动来到了县衙，当场被包公抓获。这人不是别人，正是割牛舌头的金兆来。

包公是根据什么把金兆来捉住呢？

参考答案

包公听了李大柱的讲述，立即想到割牛舌头的人一定与李大柱平素有怨。因为把耕牛的舌头割掉，牛就不能吃草了，留它无用，就会杀掉它。这样一来，就犯了私宰耕牛罪。于是，包公便将计就计，让李大柱把耕牛杀掉。金兆来不知这是包公的计策。看见李大柱杀死了耕牛，心中大喜，当即来到县衙告李大柱私宰耕牛罪。这个案子就是这样被包公巧妙地侦破了。

智斩鲁斋郎

仁宗年间，有个名叫鲁斋郎的京官，对百姓大施淫威，无恶不作。尽管他罪恶累累，却倚仗着皇帝的宠爱，无人敢动他一根毫毛。

在京城附近，有个叫许州的县城，城里住着一个姓李的银匠。一天，鲁斋郎带着一帮仆人在许州闲逛，路过李家的银匠铺时，发现李妻长得好看，便叫仆人把李妻抢到自己府中，并把李银匠打了一顿赶出了许州。

李银匠眼见着妻子被鲁斋郎抢走，不禁气愤至极，马上请人写了状纸来到许州县衙状告鲁斋郎。谁料，县衙因为惧怕鲁斋郎的权势，硬是不敢接这个案子。

就在这时，包拯私访民情来到了许州，听说了李银匠的冤屈之后决定要为百姓除了这个祸害为百姓做主。

这天，包拯上许州县衙升堂，让随从去叫鲁斋郎。一向趾高气扬的鲁斋郎闻听包大人有请，便来到了县衙。可是谁料到他一进县衙大门，包拯大喊一声“给我拿下”，随从们便冲上前去，将鲁斋郎五花大绑了起来。

鲁斋郎先是一惊，随即便大骂起包拯来："包黑子，我犯了什么罪？你凭什么绑我？"包拯正气凛然地说道："哼，鲁斋郎，你强抢民女，无恶不作，还不给本官从实招来！"鲁斋郎知道包拯指的是李银匠的事，可他根本不把包拯放在眼里，嘲笑地说道："包黑子，我就是抢了民女，你又能把我怎么样？你别忘了，我可是皇上身边的人。你如果敢动我，小心你自己的脑袋！"包拯闻听他的话，更加愤怒，再转念一想，鲁斋郎毕竟是皇帝的红人，要想严办他，皇帝也未必能同意，包拯看了一眼堂下的傲慢的鲁斋郎，突然心生一计。几天之后，鲁斋郎便被皇帝批准，斩首示众了。

包拯究竟是怎么做的呢？

参考答案

包拯把鲁斋郎犯罪事实列成条文，然后冠上罪犯"鱼文即"的名字呈报给仁宗皇帝，皇帝见了这份罪状大怒，当即在"鱼文即"的名字上用红笔批上"斩"字。包拯接到御批之后，再在"鱼文即"三个字上加些笔画，就变成了"鲁斋郎"的名字。

思维小故事

巧断案件

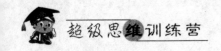

从前有个秀才叫李维，他有一匹膘肥体壮的烈马。那马别说是人，

就连别的马一接近它，都会被踢伤或踢死。为此，李维十分注意，要么将自己的马拴开，要么叫别人的马拴远点。

有一天，他来到县城，把自己的马拴在离店铺较远的一棵树上。刚要走开，看到富家公子吩咐随从，将马也拴在这棵树上。李维连忙劝阻："客官且慢，我这马性情暴烈，怕有格斗之危。"

那随从根本不听李维之劝。

李维又转身对主人说："公子明断，我这马性烈，请将马另拴别处。"富家公子一听怒不可遏，厉声说："我定要拴在这里，看你把我怎样！"说罢就走了。

不多时，李维的烈马就将富家公子的马踢死了。富家公子一见很不

高兴，就命随从将李维扭送到县衙。知县王敏升堂后，看见原告是本县有名的富家公子苏衙内，知道不好对付。问清原委后，就以验马尸为名宣布退堂。随后王敏一边派人验马尸，一边派人向李维授意，要他明日到公堂上委屈一下。果然，王敏非常利索地断了此案，为李维讨回了公道。

王敏是怎样审案的呢？

参考答案

次日升堂，王敏一拍惊堂木，要李维从实招来。李维一言不发。

王敏又说："此人是个哑巴，本县不好审理。退堂！"

苏衙内上前说道："大人且慢，此人并非哑巴。昨天我家奴去拴马时，他亲口说了话。"

王敏问家奴："他昨天说什么话？"

家奴说："我去拴马时他对我说，他的马很凶，要我把马拴到别处去，免得踢坏了我家公子的马。"王敏又问："此话当真？"

苏衙内说："一点不假，我亲耳听见。"

王敏一听，哈哈大笑道："此案已经了结。李维已将他的马性烈的情形讲明。你们不听，硬要拴在一起，只能自食其果。"说罢退堂了。

苏衙内理屈词穷，只好作罢。

聪明的小红

宋朝时，京城王知军很有钱。金兵入侵中原后，他就带着家眷和许多财宝迁居到了外地，寄居在一个大寺院里。

一天晚上，王知军送走了几个朋友后，便歇息去了。因为刚才和那几个朋友多喝了点酒，晚上他睡得很死。

半夜里，有一伙强盗闯进了寺院。他们手持砍刀、短剑，把寺院里的人都绑了起来。

“王知军到哪儿去了？”一个脸蒙黑布的大汉直接问道。

被捆绑的人因为惊吓谁也没吱声。

蒙面大汉把刀横在一个小姑娘的脖子上，威胁她说：“你要是不说出王知军在哪里，我就杀了你！”

“我领你们去找！”话音未落，人群里走出来一个漂亮的姑娘。

人们一看，走出来的姑娘竟是王家的丫环小红。众人都十分惊讶。因为她是王知军最喜欢的丫头，这时候她怎么会出卖主人呢？

这时，只听小红对那些强盗说：“各位大爷，我家老爷与你们往日无怨近日无仇。如果你们为了钱财而来，我会帮助你们，因为老爷家的所有钥匙都在我身上。跟我去拿财宝吧！”

蒙面大汉一听高兴极了，忙解开了小红身上的绳子。他盯着小红说道：“你不要骗我们，不然，我要你的命！”

王知军的财宝都堆放在西耳房里。小红点燃一枝蜡烛，领着强盗们来到了这里。

“我负责给你们照亮，你们自己去开吧。”说着小红把钥匙递给蒙面大汉，自己则举着蜡烛在后面替他照亮。门锁打开了，强盗们一下蜂拥而入。

“这个箱子里是金银，那个箱子里是珍珠……”小红依次给强盗们介绍着。强盗们高兴极了，一个个贪婪地往自己的布包里装财宝。

待每个人的布包都装得鼓鼓的，强盗们便高兴地逃走了。

直到第二天早上，小红才把王知军叫醒，并且详细的报告了昨天晚上财宝被抢之事。

王知军听说自己的全部财宝被强盗抢走，差点儿昏了过去。小红急忙扶住了主人：

“老爷，您先别着急。”

“不急？说得倒轻巧，那可是我祖辈的全部心血啊！”王知军推开小红，气冲冲地问道：“我平日待你不薄，你为什么把我的财宝全部拱手送给强盗呢？”

小红也不惊慌，轻声说道：“老爷，您是要命还要那些财宝呢？”

“这话怎么讲？”

“那些强盗是为了抢劫财宝而来。如果不给他们，他们就会杀死您。您若连性命都没有了，还要财宝干什么呀！”

听了小红的话，王知军觉得有理。可又一想，金兵入侵，自己一家躲在这里度日，全凭这些财宝，现在一分钱都没有了，今后的日子可怎么过啊？他绝望地长叹一声，瘫坐在地上，不知如何是好。

小红看见主人那愁苦的样子，笑了起来。

王知军莫名其妙，生气地问道：“都落到了这步田地，你还有心笑呢！”

小红不慌不忙地说：“老爷您别急，那些财宝很快就能再找回来！请相信我。”

“别做梦了，我还是好好想想怎么去挣钱养家吧！”王知军摇摇头。

可是，当小红附在主人的耳边悄悄说了几句话后，王知军笑了。

果然，当天县衙就捉住了强盗，并派人把被抢劫的财宝全部送回了寺院。

小红到底向主人说了些什么？县衙又是根据什么破的案呢？

参考答案

小红说，强盗抢劫时，她借着点蜡烛照明，在每个强盗的后背都滴上了蜡烛油。强盗走后，她便叫家人去县衙报了案。县衙就是根据后背有蜡油这一特征，抓获了强盗。

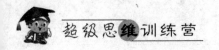

利用屎来断案

刘伯温到江西省高安县去做了县令。

这一天，他来到了高安县。刚落座就听外边有人击鼓喊冤。

刘伯温马上下令升堂。

那告状的人，一个是大高个，却异常的干瘦，因为姓刘，人送绰号刘瘦子；而另一个身材矮小肩宽腰阔，人们都叫他吕胖子。

原来，刘吕二人都是城东的居民。他们两家是邻居，但是邻里之间关系很僵，经常吵架。

两人上堂以后，刘瘦子大声喊："县老爷，刚才，我回到家刚要吃饭，姓吕的跑到我家，硬赖我偷吃了他的油炒豆。小人冤枉啊……"

吕胖子抢过话说道："他确实偷吃了我家的油炒豆。过去，他还吃了自家的鸡，诬告好人呢。你若不信，请问各位差官。"他指了指两旁站立的差人。又说，"我炒了一碗油炒豆，还没吃，我出去到店铺装了点酒，回来一看，碗也没了。我一查看，两家中间的墙上做的记号让他蹬掉了，地上还掉着豆粒呢。"

听了他俩的争吵，众差人也是张飞纫针——大眼瞪小眼。

只见刘伯温"啪"地一拍惊堂木，喊了声："把二人分别带下。退堂!"

众人说："这案子老爷你还没审呢，怎么退堂呢?"

刘伯温笑了笑，对众人说："明天本官自见分晓。"

第二天，刘伯温叫差人在大堂两侧用黑布做了两个"井"字形布幔，一边一个，每个里边都放上一个瓦盆。差人见了十分纳闷。刘伯温升堂以后，吩咐将刘吕二人分别带入黑幔，并告诉他们必须在此大便。一会儿，差人说道："按老爷吩咐，刘吕二人大便已结束。"

“当场验来。”刘伯温不动声色地说。

差人看了半天，当场说了一句话，吕胖子闻听，不禁“扑通”一声跪倒在地，连连说道：“请县老爷饶命……”

刘伯温宣判道：“吕胖子，你诬告好人，欺骗本官，你可知罪？”

“小人知罪，还请大人从轻发落。”吕胖子一边磕头一边说道。

“好，本官念你从实招认，暂且记下50大板；你速赔刘家一只鸡。今后邻里之间要和睦相处，互敬互爱，知道么？”刘伯温警告地说。

“是，小人知罪。”

刘伯温是用什么办法让吕胖子现了原形？差人又是说了一句什么话，顿时让吕胖子马上就承认了是诬告？

参考答案

刘大人让几个差人围起了两个布幔，是让刘瘦子和吕胖子马上大便，因为他知道炒油豆在胃里短时期是不会消化完的，吃完炒油豆的人必然有豆瓣出现在大便里。所以，当差人告诉刘伯温，吕胖子的大便里有豆瓣，而刘瘦子没有时，吕胖子知道自己已经露馅了。

思维小故事

隐语的奥秘

警方截获了走私集团的一份情报，上面有4句隐语：“昼夜不分开，二人一齐来，往街各一半，一直去力在。”

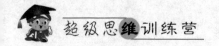

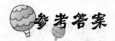

警员经过反复研究，破解了隐语的意思，并连夜发动群众集合警员，作了战斗部署，很快破获了这个走私集团。

你能判断出这4句隐语的意思吗？

参考答案

4句隐语的意思是“明天行动”。

昼指日，夜指月，即“明”字。“二人”合成“天”字，往的一半“彳”和街的一半“亍”合成“行”字，“一直去”是“云”，和“力”合成“动”字。

略施小计

中秋节佳节即将到来，大明徽州府城出外的商人都纷纷赶回家乡，准备与家人团聚共度中秋。知府冯祥也是喜气洋洋，在府内张灯结彩，准备和家人好好过上一个喜庆团圆的佳节。

突然，知府的差衙丁小山急急忙忙地来到府衙："报告老爷，城门外有一人被杀，现在尚未断气，请大人马上过去。"

冯祥连忙跟着丁小山来到现场。只见一个商人打扮的人横卧在当街，胸前插着一把刀。虽未断气，但已奄奄一息，紧闭双眼，不能言语。在一边的背包也是空空如也，明显是有人劫财害命。这个商人尽管还未死亡，却也未留下任何有说服力的证据。冯祥眼瞅着躺在地下的被害人，不禁有些着急，心里一直在想办法。

围观的人越来越多。差衙丁小山害怕妨碍知府大人判案，要将众人驱散。就在丁小山驱散人的时候，冯祥眼前一亮，计上心头，他忙制止丁小山，并说道："让大家看好了，我还有事要向众人相求呢！"接着，他高声对围观的百姓说道："这个商人还未断气，尚有救活的可能。谁能救活此人，本府定有重赏！"

重赏之下，必有勇夫，有两个人先后来为商人诊治，但终因商人伤势太重，他们都无能为力，只好摇着头退出人群。

这时，冯祥便当众说了几句话，留下丁小山就离开了。待他刚走，一个中年人便来到了商人面前，只见他俯下身来察看着商人的病情，一会儿工夫，他趁人不备，突然将手掌轻轻地按住了商人的喉咙，就在这千钧一发之际，丁小山一把抓住了这个人的手腕，使他不能用力往下按，并大声说道："你这个强盗，还不束手就擒！"

丁小山的话音刚落，冯祥便来到了这个人面前，手捻胡须，说道：

"好你个图财害命的家伙!"冯祥说了一句什么话，就让凶手立刻现形了呢？

参考答案

冯祥当众告诉众人说："看来，只好本府亲自来救治这个商人了。其实本府深明医理医道，丁小山你在这里好生守护，待我回家去取祖传妙方。"说罢，他便向丁小山使了个眼色，然后自己就走出了人群。此时的凶手就在人群中，他以为知府真的懂医道，害怕知府取回了妙方治好了商人，于是，便趁知府离开之际，以医治为名向商人第二次下了毒手。可他没有想到，丁小山正在一旁紧紧地注视着他，等他一动手，便被丁小山抓了个正着。

第四章　破绽显露了

罪犯的破绽

抢劫芝加哥某银行的劫匪，在作案后驾车向东逃向纽约城，进入纽约市区范围后，遇到警方的检查岗。根据芝加哥警方传过来的资料，检查岗的警察认为这个人很有嫌疑，随便地问了他一句：

“请问现在是几点钟？”

“10 点半。”他看了手表后回答。

“原来你就是抢劫芝加哥银行的劫匪。”警察肯定地说。

“你别乱说，我住在纽约已经有一个月了。”

“你说谎，你手表的时间不对。”警察说完后就逮捕了他。

那么，警察凭什么线索知道嫌疑犯在说谎呢？

参考答案

疑犯开车到纽约，却忘了调校自己手表的时间，因此才被警方识破。在同一国家，两地的时间很可能不同，美国的芝加哥和纽约有一小时的时差。所以，当警察询问疑犯时，纽约时间（东部标准时间）应该是 11 点半。

真假美军医院

1945 年，盟军登陆诺曼底之前，为了搜集情报，英国情报部特别派出情报员雅伦到德军占领区去。

雅伦由飞机跳伞降落，不幸降落中发生事故，他落地时摔伤脑部昏迷过去。

当雅伦醒来的时候，发觉自己躺在一间病房里，墙上挂有一面美国星条旗，医生、护士都讲着满口流利的美式英语。雅伦被弄糊涂了，到底他是被德军俘虏，还是被盟军救了回来呢?

这间美军医院，是真的还是伪装的呢？雅伦必须自己作出决定。他数了数美国国旗上的星星，上面共有 50 颗星，雅伦忽有所悟，找出了答案。

请问，这家美军医院到底是真的还是假的呢?

参考答案

虽然美国在 1867 年买进阿拉斯加，1898 年吞并夏威夷，但直至 1949 年，这两处地方才分别被定为联邦一个州。在 1945 年，美国只有 48 个州，所以美国旗上只应该有 48 颗星。所以是假的。

中毒而死

一年的夏天，某电器公司举行烧烤旅行，借此联络员工之间的感情。整晚烧烤，好多人疲态毕露，只有班域仍在继续烧烤，似未有疲态。此时，同事山姆兴高采烈地携着一只肥兔来，对班域说："我在山上抓到的，味道一定很好哦！"

班域是个美食专家，对肉类最为喜爱。一看到眼前这只肥大的白兔，兴奋得立即用尖树枝穿着烧熟吃了。但是回去的时候，班域竟然在旅游大巴上暴毙了。调查知他是中毒死的。

你知道凶手是谁，班域是如何中毒毙命的呢？

参考答案

凶手是山姆。山姆妒忌班域的才能，故早已有谋杀他的计划。当他得知班域爱吃肉类后，便买只白兔，喂食有毒的蔬菜和果实。白兔免疫力强，就算吃了中毒的东西，对身体并无影响。把兔喂肥之后，借这次机会，山姆把兔子带过去。班域见到白兔，自然垂涎三尺，所以将兔子烤来吃。当兔子体内的毒素侵入班域身体，他就中毒死亡了。

办公室命案

探长在自己办公室内被人发现自杀，还是用自己的佩枪。到现场调查的探员，在佩枪上发现了探长的指纹。探长平时习惯用右手握枪，但是自杀是用左手。因此，现场调查的探员推断他是自杀无疑。但探长的好友卡特认为探长性格坚强，不可能自杀。他经过调查，提出了有力的证据，证明探长是被谋杀的。

请细心思考一下，指出卡特提出的证据是什么。

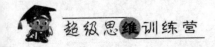

参考答案

探长右手持枪，但是伤口却在左侧太阳穴，这是不可能的。

证 据

在一次大爆炸中，某影坛明星不幸炸瞎了双眼，又毁了容貌。男友觉得让她活着是在折磨她，于是就想结束她的生命。他委托好友帮他处理这件事情，但要造成是自杀的假象，好友答应了。

晚上 9 点半，护士查完病房离去。凶手悄悄潜入房内。不一会儿，凶手气喘吁吁地跑了回来，叫他不要伤心。

第二天，女明星之死见报了。警方确认是他杀，并开始调查。女明星的男友急忙找到委托人，问他昨夜的事发生了什么差错？那人说：“没有啊！为了制造假象，我特地在窗口上留下她的指纹，制造了自杀的假象。没有破绽啊，警方怎么会判断出是他杀呢？”

请问你知道为什么有破绽吗？

参考答案

因为女明星吃安眠药睡着了。睡着的病人是不可能自己去跳窗自杀的。

绝非他杀

一天，有人去报案说有人在家中自杀身亡。警方迅速赶到现场，见死者全身盖着毛毯躺在床上，头部中了一枪，手枪滑落在地上。床边的柜子上放着一张纸，上面是这么写着：“我挪用公款炒股，负债累累，只有一死了之……”警官走到床边，掀开盖在死者身上的毛毯，说道：“这是一起伪造的自杀案。”

请问你知道警方为什么这不是自杀？

参考答案

死者是头部中枪。若是自杀，他拿手枪的那只手应该露在毛毯外面。凶手为死者盖上毛毯时考虑不周，露出了破绽。

艾丽的谎言

艾丽冲进妹妹安妮的房间，喊道：“快起床！我们要迟到了！”

安妮嘟哝着爬起来，穿上羽绒服，戴上了厚厚的手套，和艾丽一起出了门。她们约好附近的几个女孩，一起出来铲雪。这几天这里下了好大的雪，把电线杆都压断了。就在刚刚才把输电线路修好。

她们还没到约好的地方，就看到凯西正朝她们挥手，旁边还有好几个女孩，正在唧唧喳喳地说话。

艾丽问：“丽莎在哪？她说好要来的。”

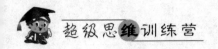

“我不知道！”凯西回答道，“我们一个小时前给她家打电话，但没

有人接。”

“不等了，我们开始干活吧。”

几个小时之后，大家都坐在艾丽家的客厅里聊天。这时丽莎进来了。

艾丽问：“你上哪儿去了?”

“我一直在家，你们干吗不给我打电话?”丽莎反问道。

“我们打了，但你没接!”凯西说。

“哦，那一定是我在用吹风机吹头发，没有听到电话铃响。”丽莎解释说。

凯西说：“得了吧！何必撒谎呢?”。

请问你知道凯西为什么认定丽莎在撒谎呢?

参考答案

输电线路是刚刚修好的，丽莎不可能用吹风机吹头发，因为当时停电了。

思维小故事

心虚的威特

一天，爱德华被人发现死在自己的家中。

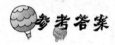

警察经过勘察，断定属于谋杀案，于是波特警官打电话通知爱德华的家人。电话打到爱德华夫人的哥哥威特家时，威特接起了电话。波特警官说："威特，我很遗憾地告诉你，你的妹夫被人谋杀了。"

"爱德华死了？他一定是得罪了什么人。波特警官，爱德华的脾气相当不好，两个月前他与我的大妹夫因为打牌输了500美元而发生争吵，上个月又因为金钱问题而与我的二妹夫差点动起手来……"

"威特，你提供的信息很有价值，我待会将登门问你一些更详细的情况。"放下电话，波特警官对助手说："走，我们去逮捕威特。"

你知道波特警官凭什么断定约翰是凶手吗？

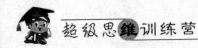

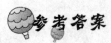

参考答案

原因是，约翰有3个妹夫，但他却能准确地说出死者的名字是爱德华，显而易见他是凶手。

难道是飞过去的

一个夏天的夜晚，濑户内海的 A 岛发生了一起盗窃未遂案。窃贼潜入渔业工会的大楼，正撬保险柜时，报警装置响了，窃贼仓皇逃去。报警铃响是夜里 11 点，等附近的人闻声赶来时，窃贼已经无影无踪了。

不久，经过侦查发现了重大嫌疑犯。此人名叫中村常夫，是一个造船厂的工人，家住 B 岛，从犯人落在现场的螺丝刀上验出了他的指纹。

“我不是犯人。一定是犯人顺手拿了我在造船厂使用的螺丝刀作的案。真的不是我做的。”中村常夫向来调查的刑警强调自己无罪。

“那么，那天夜里 11 点左右，你在哪里？在做些什么？”

“那天我一个人在 B 岛海边钓鱼。因钓不着鱼，而且就我自己，感觉太无聊，我就去朋友家玩，那时大概 11 点半左右。喝酒一直喝到下半夜 1 点左右。”中村答道。

于是，刑警马上访问了他的名叫原田的朋友，确认中村不在现场的证明，结果与中村说的一样。“时间是当夜的 11 点半左右，中村是喝了半打罐装啤酒回去的，我们一起喝到下半夜 1 点。”

B 岛在作案现场 A 岛往西约 5 千米处。

“你的不在犯罪现场的证明，只能证明晚上 11 点半以后，但关键的 11 点半左右不明。你是不是乘汽艇逃离 A 岛的？哪怕是个小艇，有个十五六分钟到 B 岛是不成问题的。”刑警再次询问中村说。

“如果乘汽艇，马达的声音会惹人注意的。那天夜里有人听到马达声音了吗？”中村反驳说。

经过调查，在案发时间前后，确实没人在现场附近的海上听到过汽马达的声音，就连在 A 岛和 B 岛中间地带的海中，深夜垂钓的人也没听到马达声。

“那么是划舢板或小船逃走的吧？”

“哪里话，那天夜里潮水是由西向东流的。如果划小船离开A岛是逆水，30分钟决怎么能够到达B岛呢。并且那一带海水流速很急呀。”

“那么就是用了游艇！”

“在渔业工会的附近的海边有游艇吗？”

被中村这么一问，刑警无言以对。实际上，那天夜里，在渔业工会的报警铃响10分钟前，驻A岛的巡查人员在附近海边巡逻时，仔细检查过，确实没有停泊一只可疑的舢板或游艇。问到这里，中村常夫的不在现场的证明姑且成立。

顺便说明一下，A岛最高的山丘也不过40米，所以用悬动式滑翔也是无法飞跃夜空到达B岛的。

然而，在当地警署有一名喜爱海上体育运动的年轻警察，当他想起案发当天夜里阴天没有一点星光，而且有东风，风速每秒6米时，马上就揭穿了中村常夫的作案手段。

那么中村常夫是用什么手段，不到30分钟就从A岛逃到了B岛？

参考答案

他作案后乘帆板从A岛逃到B岛。那天夜里有东风，风速每秒6米，即使是逆水，帆板也可以借风力前进。当夜没有星光，无人看到。

思维小故事

嫌疑女子

一天晚上，瑞克和他新交的女友艾迪乘坐一辆跑车外出游玩。忽然间，瑞克右面太阳穴被手枪射中死亡。因此，坐在瑞克左面的艾迪被认为是嫌疑人而遭拘捕。

另外，曾经被瑞克抛弃的艾丽，有目击者指证当天她独自一人乘着同样型号的车子，曾经过那儿，犯罪的动机是十分明显的。但是，艾丽的车子是在瑞克的车子后面约 5 辆车的距离。

按照上述情况，真正的凶手是谁呢?

参考答案

事实是，艾迪坐在瑞克左边，要迅速拔枪射中瑞克的右太阳穴是不可能的。另一方面，艾丽的车子是和瑞克同一型号的跑车，只需疾驶而与瑞克有交错的机会，艾丽就可利用这瞬间的机会，将瑞克射杀。

阴险的医生

孤身老人杰考勃·海琳突然死亡了。伦敦警察厅的安东尼·史莱德探长马上赶到了现场。

案件发生的时间初步估计应该是在昨天，死者的尸体还在客厅里，有一支自动手枪掉在尸体旁。死者的上腭明显地被打穿了，嘴里有火药痕迹。这些迹象都表明，手枪是放在嘴里发射的。显而易见是自杀。

史莱德探长从死者口袋里翻出一张便条和一张名片。便条是为海琳看病的贝尔大夫写的，内容大意是即日上午不能依约前往诊视，改为次日上午来访云云。名片是另外一个人留下的。上写：肯普太太，伦敦西二邮区卡多甘花园 34 号。史莱德又把首先发现海琳死亡的卡特太太和在这个街区巡逻的警察找来作进一步询问。

卡特太太是定期来为海琳料理家务的女佣。她对海琳的印象很不好，认为他是个守财奴，悭吝、尖刻、神经质，这样的人自杀是不足为奇的。近一段时期，她到乡下去了，昨天傍晚来到海琳家时，才发现他已经死了。

巡街警察则提供了一个重要的线索，说他昨天巡逻时，曾看见一个妇女从海琳的住宅里走出来，看不清其面貌特征，留下比较深刻的印象是这个妇女拿着一只很大的公文包，走的时候很匆忙。

问完两个证人后，史莱德又开始检查海琳的财物。他从书桌里找到一串钥匙，试了几次后，打开了房间里唯一的保险箱。里面没有什么东西，仅一个银行存折，但是余额很少。在电话里银行职员回答史莱德说："海琳曾在银行里存了很多钱，但在2个月前已全部取走了。"

"钱到哪里去了呢?"史莱德初步怀疑这是谋财害命的案件。最近同海琳接触的只有两个人，一个是贝尔医生，但贝尔已写信告诉海琳，案发当天没有空来，第二天才会来。另一个就是留有名片的肯普太太。巡逻的警察昨天看到过一个妇女从海琳的住宅出来，手里拿着大公文包，包内藏着的莫非就是从保险箱中窃得的钱财?史莱德初步估计案子就是这样的。因为谋财害命才有可能成为眼前的事实。

海琳的写字桌抽屉里有一札信件，史莱德匆匆翻阅一遍后，没有发现与这个肯普太太相关的内容，倒有不少贝尔医生所开的药方。这就奇怪了，经常有往来的医生昨天案发时却没有来，来的却是一个从无交往的肯普太太。

想到这里，史莱德打了一个电话到居民登记处，结果回答竟然是不存在什么卡多甘花园34号这个地址，当然也没有所谓的肯普太太。史莱德这时大概知道怎么回事了。

正在这时，大门口出现了一个陌生人，他看到客厅里的情景，赶忙收住脚步，显出莫名其妙的样子："对不起，我是贝尔医生，是为海琳先生来看病的，不明白这里发生了什么事?"

"海琳先生死了!"史莱德说，"你来得正好，我正有事向你请教。"

贝尔医生怔了一怔："探长先生，你尽管问，我一定会把我知道的都告诉给您。"

“贝尔医生，凶手就是你！实际上你昨天已经来过了。你杀死了海琳先生，还打开保险箱取走了海琳先生的钱财……”

你知道这到底是怎么回事吗？

参考答案

贝尔借口看海琳的舌头，把手枪放进他的嘴巴，将他打死。然后换上女装，拿着钱走了出来，故意让警察看到，使侦探相信是自杀。

思维小故事

辨别牙医技术

在一个偏远的小镇上有两个牙医，其中一个牙医技术高超，而另一个牙医技术非常差。一天，来到镇上不久的C先生想拔掉坏牙，但他不想浪费金钱让那个技术差的牙医做手术，那可真是花钱找罪受。

这使他伤透脑筋的是他们两人都穿着同样的白色医生制服，加上两人交情非常深厚，所以技术高明的医生绝不会告诉别人他的朋友技术差。C先生刚来小镇不久，又找不到合适的人可以打听。不过，有一点可供参考的是，他们两人之中，其中一位满口蛀牙，另外一位的牙却光亮洁白。请问，你知道哪一位牙医的技术差呢？

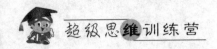

参考答案

因为前面说过这个小镇只有两位牙医，那位技术高超的牙医因为没有别人替他治牙，自己不能替自己治牙，所以才满口蛀牙。牙齿洁白光亮的就是那位技术差的牙医。

碗底下的阴谋

犯人幸吉进入牢房之前，银次警长连他的兜裆布都解开作了仔细检查。手巧的小偷，哪怕是根细钉，他们都能轻而易举地打开牢房的锁逃出牢房。银次警长将幸吉所带物品一概没收，穿的衣服全经过认真检查，结果什么都没有发现。

这天晚上，由看守员八九郎值班。

第二天一大早，八九郎便慌慌张张地跑到银次警长家。

“头儿，不好了。”

“发生什么事了？一大早的，就这么吵吵嚷嚷的。”

“幸吉逃跑了。”

“什么？逃跑了……什么时候？”

“今天早上，我一醒来，发现牢房空了。所以……头儿，实在对不起。”八九郎低头请罪。

“走，去看看。”银次赶到三岛街的牢房一看，牢门开了，打开的牢房锁掉在地上，锁上还插着钥匙。

“喂，这把钥匙是怎么回事？”银次从锁上拔下钥匙。

钥匙约一寸长，是用旧钥匙锉制成的牢门钥匙。

“幸吉这家伙，肯定是用这把钥匙打开锁逃跑了。”八九郎说。银次非常奇怪：“可是，钥匙是怎么到他手里的呢？”昨晚，在幸吉关入牢房前，已经对他严格地检查过，他绝对带不进牢房任何东西。而且，他也不会事先预料到会被银次抓住，会被关押到这间牢房里，他也不可能事先准备好这间牢房的钥匙。

“八九郎，你的备用钥匙在哪里？”

“带在身上，昨晚睡觉时还挂在腰带上。”八九郎从怀里掏出钥匙给银次警长看。

银次把两把钥匙一比，八九郎的钥匙有两寸长。

“那幸吉究竟从什么地方搞到这把牢门的钥匙的呢？”八九郎愁眉苦脸地问警长。

“嗯？这个大碗和竹皮是哪来的？”在牢房一个角落里，银次突然发现有荞麦面碗和沾着饭粒的竹皮。

“昨天给幸吉送来的。”

“谁送的？”

“长寿庵的伸助，昨天给他送来了一碗荞麦面和两个饭团，都是用竹皮包着拿来的。”

“你怎么不检查这些东西，就让他交给幸吉呢？也许饭团和荞麦面里藏着牢房的钥匙。这里每次订饭都由长寿庵送，他们趁着看守的空子，印上牢房钥匙的模型，复制一把是非常容易的事。”

“头儿，我不会那么粗心，送来的东西，我在交给幸吉前，都已经做了彻底的检查。饭团全掰碎了，荞麦面也用筷子搅过。就连汤底下也都检查过了，那些东西里肯定没有藏着牢房的钥匙，我敢肯定。”八九郎说。

“也许当时伸助靠近牢房，亲手交给了幸吉呢？”

“更不可能！我一直监视着，一步也没让他接近牢房。”

“此外，还有谁来过牢房吗？”

“什么人都没有。”

“你一次也没出去过？”

“对，一次也没有。”

“睡觉时，窗户关紧了吗？”

“关好了，从外面肯定钻不进人来帮助幸吉逃跑。”

“尽管这样，今天早上你起床时，幸吉早已逃跑了……”

“真没脸见人。”八九郎缩着肩膀。

“看来，还是伸助值得怀疑！一定是他瞒过你的眼睛，把牢门钥匙交给了幸吉。”银次说着，便把空碗翻过来，大碗下面有一圈凸出的碗底。不仅大碗，一般盘碟之类的器皿也有这样的底子。

银次拿着装面的大碗和竹皮想了一阵：“对，我知道了，是伸助这家伙用巧妙的诡计，把钥匙交给了幸吉。幸吉吃完面条，等你睡着后，就用钥匙打开牢房逃跑了。八九郎，马上把伸助抓来。”

“是。”八九郎立即赶到长寿庵，但送饭的伸助和幸吉已一起逃跑了。他们是同伙。

那么，根据银次的推理，伸助到底是怎样把钥匙交给幸吉的呢？

参考答案

伸助送面来时，钥匙可粘在碗底。只要不把碗倒过来检查，他们怎么也发现不了钥匙藏在了那里。

反穿的棉袄

明朝嘉靖年间，范贾担任淮安知府。一天他正在公堂上批阅公文，忽然听见门外的大鼓“咚咚”地直响，便命衙役出门去传击鼓之人，开堂审案。

告状者是一对老年夫妇，说他们的儿子大牛几天前外出置办彩礼时，突然失踪，生死不明。恳请府衙派人出外去寻找他们的儿子！家里现在就他们夫妇两人，孤苦不堪，无依无靠。请大人务必找到他们的儿子，活要见人，死要见尸。

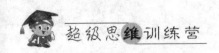

范贾向老夫妇问了一些情况，立即排除了几种可能。大牛与未婚妻秀英是乡邻，自小青梅竹马，是不会逃婚出走的；大牛力大如牛，更不

会被人轻易劫走。很有可能是大牛路遇了强盗，而强盗见他携带购买彩礼的银子，便见钱眼开，将其杀死。

范贾从老夫妇的口中得知，从大牛的村子到府城，途中有一个大河叫做五里河。于是，他觉得很有可能尸体会在河里。于是他带着衙役来到这里，让衙役们下水打捞。不一会儿，果然如他所判断的那样，衙役们在河中捞出了一具后背有着一处刀伤的年轻男尸。范贾让老夫妇辨认，认定死者正是他们的儿子大牛。

范贾查看了大牛的刀伤后得出结论，死者刚刚被杀，时间不会超过3天，他在五里河岸边走了几个来回后，便计上心头。

于是，他向在场的所有人说了一番话，大家也都纷纷认可他说的话。之后，他便在河边支起了几案，办起了公。当天下午，范贸让人贴出了一个告示：因近期倭寇时常骚扰本地，为了保卫地方，防止倭寇再来烧杀抢掠，现拟招乡勇200名，每名乡勇将得银元50两。因淮安周围此时不断遭到倭寇的侵扰，所以告示贴出后，河边很快就聚集了大量的报名者。

范贾一看居然来了这么多的应征者，十分高兴，禁不住地一个一个地召见。突然，范贾在一个反穿棉袄的汉子面前停住了脚步，两眼紧紧盯住他的眼睛。那汉子被范贾看得不知所措，马上低下了头。范贾厉声问道：“你为什么反穿棉袄?”

那汉子一时无以答对，怔了一下说道：“我因要赶来应征，一急之下就穿反了棉袄!”

范贾让衙役将汉子棉袄脱下，发现棉袄的正面沾有不少的血迹，便问道：“你这血迹是怎么留下的呀?”

汉子闪烁其词地回答道：“我也遇到了倭寇，与他们拼杀，便留下了血迹。”

“胡说!”范贾揭穿说，“倭寇3个月前曾来到我们淮安地区滋事，已被官府肃清，近日根本就没有倭寇犯境。你身上的血迹，明明是新沾上的。”

汉子狡辩道：“听说老爷曾宣称河中捞出的尸体是被倭寇杀害的，怎么又说没有倭寇犯境呢？”

范贾说道：“这就是我设下的计策！我故意布下迷阵，使得你这个杀人凶手放下心来。我再用重金作为诱饵，引你上钩。你还有何话说？”

汉子知道自己已无可反驳，只得承认了是自己杀害了大牛。

范贾当众说了什么话？

参考答案

范贾看了大牛的尸体，马上联想到本地区是倭寇曾经出没的地方，便想到了一个计策，故意说大牛是被倭寇杀死的，好让听到此话的人再传出去，这样凶手就一定会听到，误以为杀人之事不可能再追究到自己身上。但是在重金引诱下还是中了范贾的圈套，只能乖乖认罪。

愿者上钩

王宗是明朝刑部的一名普通官员，一向勤勤恳恳，兢兢业业。一天傍晚，王宗正在衙门里值班，忽然，他家中的仆人来到衙门，报告说：“大人，大人，不好了，夫人出事了，夫人她不知道什么时候被人杀死在卧室里了，您快回去看看吧！”王宗不禁大惊，随着仆人飞速赶回家中。待他走进卧室一瞧，差点晕倒，只见他的夫人浑身是血，躺在地上，早已气绝身亡。

王宗定了定神，告诉家人保护好现场，等他回来。然后火速来到刑部，向上级报案。刑部的最高官员周用觉得这件案子很突然，当即决定亲自审理此案。

周用率人调查了数日，可是一点线索都没找到。最后便开始怀疑是王宗杀了自己的夫人之后，又恶人先告状，于是，他将王宗抓了起来，严刑拷打，可是无论怎么审问王宗都没有招供，解释道：“大人，我那天傍晚正在当值，是家人来告诉我的。这是衙门里所有人都看见的。我怎么又能回去杀人呢？再说，我干吗要杀害我的夫人呢？”

周用见王宗硬是不从，便将手下的一位御使杨逢春找来，让他接手此案。

杨逢春断案是出了名的。从周用手里接下案子后，杨逢春对王宗的家里以及此前审案的经过进行了详详细细的查访。最后，他只是叫来了一位心腹衙役，对其交代了一番之后，就让衙役走了。

当天，杨逢春让另一个衙役在刑部门口贴出告示，说定于今日晚上在刑部门房正式审理王宗一案，如有愿听案者，可来门房旁听。

到了晚上半夜时分，杨逢春准时打开正堂，一拍惊堂木：“带王宗！”

王宗被带上堂来。杨逢春按照公式刚问了几句之后，就见他派出去的那个心腹衙役急匆匆地来到杨逢春身边，悄悄地耳语了几句，杨逢春突然大声叫道：“来人，速速去门外，将两位偷听之人给我抓进来。”

衙役们很快就抓进来一高一矮两个人。

杨逢春喝道：“你们两个鬼鬼祟祟地偷听是何原因？快快从实招来！”

“我们没有偷听啊。”高个子回答。

“没有偷听？衙役，你来说！”杨逢春招呼心腹衙役。

“是，大人，我装作来听案的人在外面看了多时，发现这两个人偷偷摸摸地直往里瞧。”心腹衙役说道。

杨逢春微微一笑，“你们两个就是杀人凶手！”

一高一矮的两个人知道不能再隐瞒了，就如实说出了他们溜进王宗家盗窃，被夫人撞见而杀人灭口的犯罪事实。

杨逢春命人将二人打入死牢，同时放了王宗。

参考答案

杨逢春为了洗清王宗的冤情，设下了一个午夜审案的计策。他断定只有与凶杀案有关的人，才能在午夜来偷听审案经过，而偷听的人一定是杀人凶手。

字迹的证明

古时候有个人叫朱铠。一天，人们发现朱铠被杀死在文庙之中。县衙得知情况后，马上立案调查，开始寻找凶手，可是，调查了很长时间依然什么都没发现。

就在人们苦无良策之时，一天，清江县令殷云霁突然收到了一封匿名信，揭发县衙里的一个名叫王信的差人杀死了朱铠。殷云霁便问身旁的几位差人："我收到了一封匿名信，说朱铠是被王信所杀。你们怎么看这件事？你们觉得可能是信上所说的那样么？"

"可能，非常可能。"几个差人回答道。

殷云霁想了想说道："我看不一定，仇人未必就是杀人者，这也有可能是真凶嫁祸于人的一种手段，好让我们转移视线，从而放松追查真凶。"

殷云霁看着手中的匿名信，突然问道："县衙里都有哪些人平常与朱铠非常要好呢？"

一个差人回答道："有个姓姚的小吏，同朱铠交往甚多。"

"好了，我可以找到凶手了。"殷云霁高兴地说道。

他马上让差人把全衙门所有当差者都叫到大堂，然后，让他们做了同一件事，立刻便指着一个人说道：“姚明，你还不从实招来！”

叫姚明的人见自己被县令所识破，马上跪地求饶：“小人知错！小人与朱铠确是好朋友。一个多月前，朱铠准备了一大笔钱准备去苏州做生意，让我去送他。当时我看他手里拿那么多钱，就起了贪心，趁他在文庙里睡觉的时候把他给杀了。”

案件在殷云霁的巧妙布置下，终于破了。可殷云霁是让所有当差者做了一件什么事就让凶手姚明露了馅呢？

参考答案

殷云霁让所有衙门里的当差者全都来到他的大堂，对他们说道：“本县令因公务忙不过来，想让你们帮助抄写文章，现在你们每个人都把自己的名字写在一张纸上呈上来，我好看看谁的字写得好，顺便我也可以记一下你们各自的名字。”当每人写了字呈上来后，殷云霁拿着匿名信与那些字迹进行一一核对。发现姚明写的字与匿名信上的字相同，便认定姚明就是杀人凶手。

思维小故事

他　杀

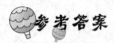

在电视剧《湖畔谍影》中，那个司机卢强是因汽车失控死在湖中。公安局侦查科长钟勇经过认真调查，又经过法医化验，最终发现死者腹

中的水有问题，因此断定不是车祸使卢阿强溺死，而是另有原因，是他杀。侦查科长和他的同事们是怎样分析案情的？为什么说卢强是被人杀死的？

参考答案

因为侦查科长和法医经过化验，发现卢腹中的水虽然也是这个湖里的水，但出车祸事故现场的湖水和卢腹中的水有差别，又经过调查，使案情有进展，断定是他杀。

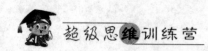

偷茄子的贼

一天早晨，一位菜农挑着两只空筐往菜地走去，准备摘自家菜园的茄子。茄子长大可以上市了，他要摘一挑子到集上去卖。想到自己精心种植的茄子开始收获可以赚得不少钱，心里不禁美滋滋的。

走着走着，他突然看到一个青年挑着满满两筐茄子，从他的菜地里走出来，向集市匆匆赶去。

菜农急忙赶到自己的菜地，一看，大个的茄子都被摘走了。他拼命跑着去追赶偷茄子的青年。追上后，伸手抓住吊筐的绳子，质问道：

“是你偷了我的茄子?”

那个青年却说：“这是我自家的茄子，你怎么说是我偷的?你怎么诬赖好人?”

“我亲眼看到你从我的菜地里出来；我的茄子没了好多！你还不承认！”菜农气愤地说。

“你看到我，那为什么不在你的菜地里抓住我?”那个青年用无赖的腔调说。

菜农见青年拒不认账，便拉着他来到了县衙让县令给他做主。

县令李亨是个善于断案的人。他先叫两个人各自说了事情的经过，然后蛮有把握地说：“这茄子是谁的，你们无需争执，本官一看便知。”

他命令衙役把筐里的茄子倒在大堂上，简单一看，就指着那个青年说：“你这偷茄子的贼，还敢耍赖！”

大堂上几乎所有的人都感到困惑不解。

那个青年仍然坚持说：“大人，这茄子确实不是偷的，真的是我自己的。”

县令李亨笑笑说：“如果这茄子真是你自家种出来的，你怎么舍得在茄子刚刚熟的时候，就把小嫩茄子也摘下来去卖？甚至里面有几个茄子，还是连嫩枝一块劈下来的。可见不是你自家辛辛苦苦种出来的。”

这时，大堂上的人才注意到那堆茄子透出的秘密，认为那个年轻人是偷茄子的贼。

青年开始露出心虚胆怯的神色，但仍狡辩道：“那是因为我早上摘茄子的时候天很黑，看不清茄子的大小，不小心才把小茄子也捋了下来。”

见青年还不认罪，李亨眼珠一转，计上心来，便说道：“你如果还不承认，就把这堆茄子分成大、中、小三等，数数看各有多少。不许数错！数错了，重打四十大板。”

青年不知道县令是什么用意，只好把茄子按要求分开，数清，然后报告给县令：“大人，大茄子 87，中茄子 63，小茄子 24，一共是 174 个。”

李亨马上把一个衙役叫到跟前耳语了一番，衙役便走了出去。不大一会儿，衙役回来又在李亨的耳边说了几句话，然后，便指出偷茄子的窃贼就是这个青年。县令李亨是怎样让这个青年认罪的呢？

参考答案

当这个青年查完茄子数后，李亨便叫衙役到菜农的地里去数摘掉茄子后留下的蒂把，结果，摘掉茄子留下的蒂把与青年数的茄子数相差不多。证明青年是偷了菜农的茄子。

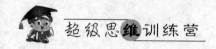

思维小故事

离奇的车灯案件

那是在一天深夜，西班牙秘密情报员 A 驱车向郊外的一个小镇驶去。20 分钟之前，他截获了一条重要的情报，这情报关系到 50 千米外一个发电厂的生死存亡：第二天凌晨 4 点，已经安装在发电厂机组里的

炸弹就要爆炸。他必须将这重要情报报告给设在小镇的秘密警察组织，请他们火速赶到现场，排除炸弹，防止发生事故。

车刚驶出寓所的便道，他便发现迎面飞速开来一辆卡车。A凭着自己数十年的经验和直觉，认为这辆卡车来者不善。

几乎在卡车撞上他轿车的一刹那，A已开了车门，跳到了车外。“轰”的一声，他的轿车被卡车撞翻了。

A在地上打了几个滚，顾不得摔破的膝盖已淌了血，飞快地往便道的另一头逃去。凭着直觉，他已感到身后至少有两个人在追赶着自己。他虽然带着手枪，但并不想转身反击身后的暴徒。他明白自己的重要任务：必须赶到小镇，将情报火速送出去，解除发电厂的重大危机。他弯着腰拼命往前跑，他想，便道的尽头或许会有出租汽车……

身后的暴徒越追越近，但暴徒也没有开枪。他们想抓活的，不到万不得已，他们是不会开枪的。

这便道很窄，宽度只有5米左右。

A跑着跑着，突然发现迎面又驶来一辆车子。车子开得很快，两只车灯发着耀眼的光，这灯光照得A睁不开眼睛。

A心里镇定，当汽车驶近时，他急忙向道旁躲去……但是，当那辆车从A身旁驶过的一刹那间，A却被撞死了。

有5米宽的大汽车吗？显然不可能，这是怎么回事呢？

当B警长赶到现场时，暴徒和车子刚刚逃走。关于这次坏人企图炸毁发电厂的情报，B警长已通过另外的渠道截获。当A驱车离开寓所时，B警长已解除了发电厂的危险。

他怕A有意外，亲自赶到A这儿来。没想到还是来晚了一步，A已经被撞死了。

B警长看了看5米宽的便道，打开手电又看了看地上的轮迹，终于明白事故是怎么发生的了：“看来，A死于错误的判断。”

这次车祸是怎么发生的呢？A已躲开了亮着两只车灯的汽车，躲到了路旁，怎么还会被撞死呢？

参考答案

他之所以认为只有一辆车撞来，是因为那两辆车都只开了一盏靠里侧的灯。事实上，开来的不是一辆车，而是两辆并行的车。

附录 反应小测试

如何过河

有个人要乘船把一只狼、一只羊和一篮青菜带到河的对岸。然而，他所搭的船只能容纳一个人、一只狼，或一个人、一只羊，或一个人、一篮青菜。倘若没有人看守狼和羊，羊马上就会被狼吃掉。倘使没有人看守青菜和羊，青菜就会被羊吃光。

请问如果你是这个人，怎样才能把这三样带过河去呢？

反插裤兜

发挥一下想象；怎么才能轻松地把你的双手相互插在左右裤兜里。

坐不到的地方

儿子和爸爸一起做游戏，儿子说："我可以坐到你永远坐不到的地方！"爸爸觉得不可能。你认为可能吗？说说理由。

和尚与书童

相传，苏轼与一位和尚关系非常好。一天，他让书童戴上草帽，穿着木鞋，到寺庙里取一样东西。书童问取什么东西，苏轼说："和尚一见到你就知道了。"果然，和尚一见书童的打扮，立即就明白了苏轼要取的是什么。于是，便将苏轼所需要的东西交给了书童。

你知道苏轼要取的是什么东西吗？

巧智吓退财主

有个姓陈的穷人有一片果树，树木茂盛，果实满枝。一个财主看中了这片果树，便想把它夺过来。这个财主跑到县衙告了姓陈的穷人一状，并贿赂了县太爷。于是，县太爷派人传讯姓陈的穷人，这个人觉得自己肯定要吃亏，心里很着急。当他走到县衙门口，官差盘问他姓名时，他忽然心生一计……

官差通报后，开始审案。县太爷喊了财主的姓名之后，紧接着又喊："传陈旧上堂!"

县太爷一喊，财主竟吓得偷偷地溜走了。这是为什么呢?

聪明的回帖

从前，有个大财主过寿，他给亲戚好友都发了请帖。但他一直犹豫着是否要给一家穷亲戚发请帖，因为如果请他来，穷亲戚也不能送多少礼，反而还要大吃他一顿；如果不请吧，就会招来街坊邻居的闲言碎语。

他想了很久，最后想出一条妙计，他给穷亲戚特别写了份请柬，只见上面写道："如果来，就是贪吃；如果不来，就是不赏脸。"

穷亲戚收到请帖，看后，给财主准备了一份薄礼，并附带上了一个回帖。财主看后，大为难堪。

你知道穷亲戚的回帖上是怎样写的吗?

牧童指路

3 个秀才去游山玩水过后决定找一个饭馆吃饭。

他们来到一个十字路口，不知道该往哪个方向走才能找到最近的饭馆。这时，迎面过来一个骑牛的牧童。

其中一个秀才慌忙上前说："这位小哥，请问到最近的饭馆怎么走?"

牧童看了看他们三个人，没有作答，而是从牛背上跳下来，用手指在路上写了一个"朝"字，然后抹去半边，只剩下一个"月"字，然后微微一笑，爬上牛背就走了。

问路的秀才傻眼了，旁边一个秀才却说："我知道他说的是怎么走了。"

你知道牧童说的是什么吗？

切割马蹄形

下面是个马蹄形，你能否只用两刀就将它切成6块？

谁离A地更近

一个人从A地开车到B地去，另一个人骑自行车从B地到A地。在途中他们相遇了。你知道这个时候谁离B地更近吗？

囚犯的死法

从前，有一个人触犯了法律，被判处死刑。这个人请求国王宽恕，国王说："你犯了死罪，罪不能赦，但我还是允许你选择一种死法。"这个人一听，非常高兴地选择了一种死法，而国王一言既出，驷马难追，看到这样的结果只好无奈地摇了摇头。

你知道这个人到底选择了什么死法吗？

八根铅笔

用 8 根铅笔，你能拼成 2 个正方形和 4 个三角形吗？

餐厅的面试题

有一位刚毕业的学生到一家大型餐厅应聘主管。主考官出了这样一道题目来考他：请在正方形的餐桌周围摆上 10 把椅子，使桌子每一面的椅子数都相等。应聘者想了很久都没有想出来，你能帮帮他吗？

奇怪的比赛

一场骑马比赛正在进行，哪匹马走得最慢就是胜者。于是，两匹马慢得几乎停滞不前，这样进行下去，不知道比赛什么时候才能结束。在保证能选出最慢者（优胜者）的前提下，你能想办法让比赛尽快结束吗？

巧取硬币

有 10 枚硬币，甲、乙两人轮流从中取走 1 枚、2 枚或者 4 枚硬币，谁取最后一枚硬币就算输。请问：该怎么做才能获胜？

巧用运算符

请你按照 9、8、7、6、5、4、3、2、1 的顺序，在这 9 个数字的每两个数字之间适当地添加上 +、－、×、÷等运算符号，列出一道算式，使其答案等于 100。

$$9\square8\square7\square6\square5\square4\square3\square2\square1=100$$

摆铅笔

如图，6 根铅笔可以拼一个正六边形。假如再给你 6 根铅笔，你能在这个六边形内摆出另一个六边形和 6 个三角形吗？

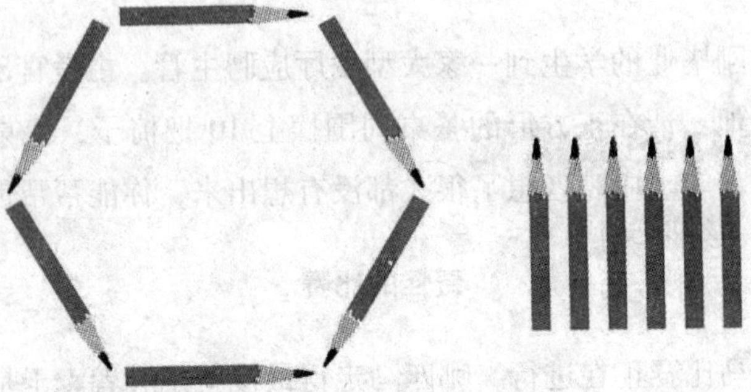

等分三角形

用 12 根木棍可以摆成一个直角三角形。现在只需要再用 4 根木棍就可以把三角形分成面积相等的 3 部分。想想该怎么分？

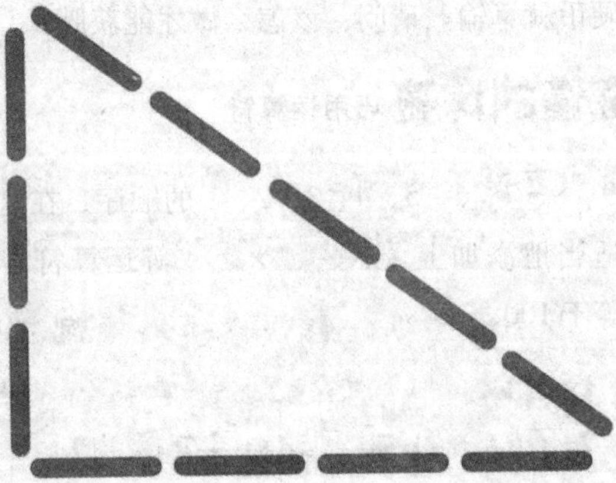

巧分油

有两个大小、形状、重量相等的杯子，一个杯子里装有多半杯的油，另外一个杯子里是空的。请问：在没有任何称量具的情况下，如何均分这些油？

油

什么动力

电子表的动力是电池中的电能，那么你知道机械表的动力是什么吗？

牛皮圈地

相传，推罗王有一位名叫蒂多的公主，聪明美丽。公主有个弟弟叫皮格·马利昂。为了独占王位，皮格·马利昂打算谋杀自己的亲姐姐。蒂多公主知道这个不幸消息后，带着几名侍从悄悄逃走了。

公元前 814 年的一天，蒂多公主在她的侍从的护卫下，从推罗乘船出海，一路往西航行，经过无数的艰难险阻，他们在地中海南岸登陆了。上岸一看，这块土地尖尖的，突入海中，海岸线很平直。

蒂多公主带了一些金币拜访了当地酋长，希望酋长能出让一些土地。

酋长见蒂多公主只有几枚金币，便轻蔑地说："才这么一点金币就想买我们的土地？那你只能买下用一张牛皮所圈出的土地。"

大家听了都很沮丧，可是蒂多公主却说："大家不必丧气，我有办法用牛皮圈出一块面积很大的土地。"

蒂多公主真的做到了。你知道她是怎么做到的吗？

两只手电筒的用途

有一次，一个探险家孤身一人在荒郊野外中露营。深夜，每当他离开帐篷到分不清方向的荒野中走动时，一定要准备两个手电筒。如果他不是为了事先防止电池用完，那还会是为了什么呢？

盲人分衣服

有两位盲人，他们都各自买了两件黑衣服和两件白衣服，衣服的布料、大小完全相同。现在4件衣服混在一起，他们要怎样才能取回自己的衣服呢？

有多少土

工人在山腰挖了一个大洞，洞深10米，宽1.5米，高2米。请问：洞里面有多少立方米的土？

古铜镜是真的吗

王老先生喜欢收藏一些古玩，他没事的时候就到旧货市场上转转。这天，他看到一位年轻人拿着一面古铜镜在市场上叫卖，镜子上铸有"公元前四十二年造"的字样，王老先生不用请专家就知道这面古铜镜是假的。你知道为什么吗？

挨饿的熊

动物园里有两只熊，公熊每顿要吃 30 斤肉，母熊每顿要吃 20 斤肉，幼熊每顿吃 10 斤肉。饲养员每天只买回来 20 斤肉，但从来没有一只熊挨饿，你认为可能吗？

参考答案

如何过河

先把羊带过河去。把羊带到对岸后，猎人自己回来，再把青菜带过去。接着，把青菜留在对岸，同时把羊牵进船里带回来。然后，把羊丢在原先的岸上，把狼带过河去。最后，将狼和青菜留在一起，自己再回来把羊接过去。

反插裤兜

把裤子前后反穿。

坐不到的地方

可能。爸爸永远都坐不到他自己的大腿面上。

和尚与书童

苏轼要取的是茶。书童的打扮暗示了一个“茶”字。

巧智吓退财主

姓陈的穷人自称“陈旧”，县官也喊“陈旧”，财主听了却是“臣”，以为他们是亲戚，所以吓跑了。

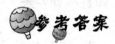

聪明的回帖

上面写道：如果收下，就是贪财；如果不收，就是看不起。

牧童指路

牧童给他们出了一个哑谜，“朝”字去掉左半边，即是“朝左走”之意。

切割马蹄形

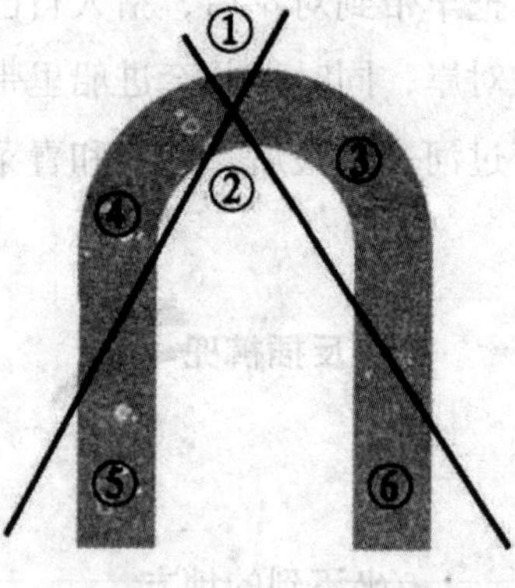

谁离 A 地更近

他们离 B 地的距离是一样的。因为他们相遇时是在同一个位置。

囚犯的死法

这个人选择的是“老死”。

八根铅笔

餐厅的面试题

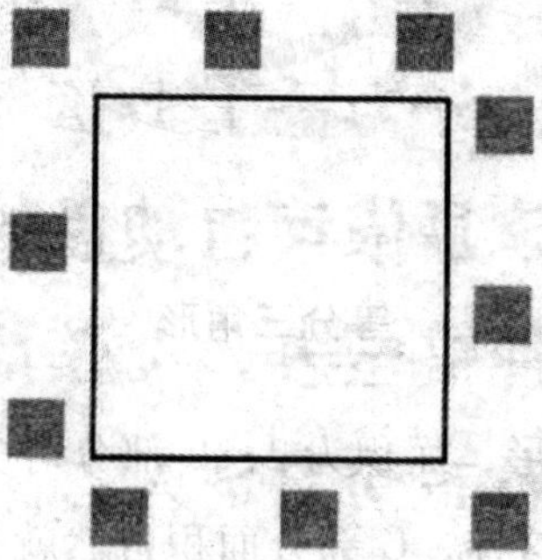

奇怪的比赛

可以让两个赛手的马交换，这样，两个赛手都会使自己骑着的对方的马跑得快点。把“比慢”变成“比快”，这样比赛很快就结束了。

巧取硬币

这是一个后发制胜的游戏，谁先开局谁必输，只有后取才能获得胜利。

巧用运算符

$9\times8+7-6+5\times4+3\times2+1=100$

摆铅笔

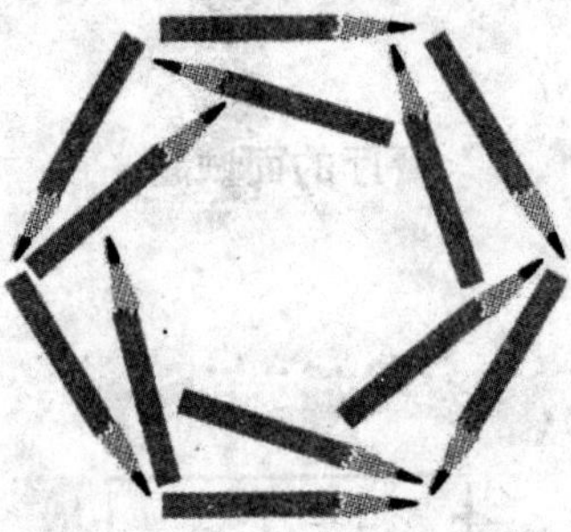

等分三角形

如图：A 部分是矩形，面积为 2；B 部分可分割成两个相同的直角三角形，面积也是 2；这样，C 部分面积自然就是 2 了。三部分面积完全相等。

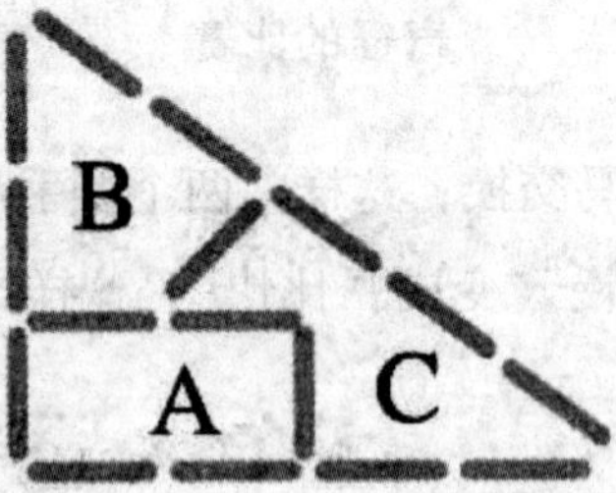

巧分油

让这两只瓶子浮在水面上，将油倒来倒去，直到这两只瓶子浮在水面上的高度相等时，这些油就被均分了。

什么动力

机械表的动力来自一组扁平的弹簧圈，称为发条，分为手工上弦与自动上弦两种，而自动上弦是依赖自动盘的力量运转的。但是无论哪种机械表，上弦都要靠人来做。所以，机械表的动力是人力。

牛皮圈地

是用牛皮圈地而不是铺地，那么就可以在牛皮上动脑筋了。

蒂多公主用小刀把牛皮割成细细的皮条，然后把这些牛皮条一个个都连接起来。接着，在平直的海岸两侧选好两个点固定皮条的两端。再把其他地方尽量往外拉，直到拉成了个半圆形。这样就划出了很大的一块地。

两只手电筒的用途

一个手电筒当然是用来照路的。另一个手电筒则是出发时打开放在帐篷里，作为返回时指明方向的标示灯。

盲人分衣服

把衣服放在太阳下晒，黑色的吸热快，温度更高一些。

有多少土

没有土。既然是一个洞，里面怎么会有土呢。

古铜镜是真的吗

公元前四十二年的时候，“公元”这个概念还没产生。

挨饿的熊

可能，动物园里只有两只幼熊。